Diktaturen – ein biologisches Phänomen

PAUL MORSBACH

Diktaturen – ein biologisches Phänomen

Der Weg von der Biologie zur Geschichte und zur Politik

Bibliografische Information der Deutschen Nationalbibliothek:
Die Deutsche Nationalbibliothek verzeichnet diese Publikation in der
Deutschen Nationalbibliografie; detaillierte bibliografische Daten sind im
Internet über dnb.dnb.de abrufbar.

© 2020 Paul Morsbach
Satz, Umschlaggestaltung, Herstellung und Verlag:
BoD – Books on Demand, Norderstedt
ISBN 978-3-7519-1099-6

Inhaltsverzeichnis

WORUM ES GEHT

Die Diktatur ist eine Staatsform, in der ein Diktator die unbeschränkte politische Macht ausübt und das Staatsvolk dem Willen des Herrschers ausgeliefert ist. Es gibt in der Geschichte überaus viele Diktatoren, und das zum Missvergnügen der ihrer Rechte beraubten Bürger, das Fußvolk. Die letzten tausend Jahre wurden weitgehend von Diktatoren gestaltet. Die von den Bürgern abgelehnte Staatsform gibt es auch heute, so als ob ein übel wollendes Geschick uns immer wieder mal eine Diktatur verschreiben würde. Wir Menschen sind Teil der Biosphäre, des Lebens auf diesem Planeten, und ihren Gesetzen unterworfen. Die Tatsache, dass Diktatoren immer wieder einmal erscheinen, weist sie als ein biologisches Merkmal der Art Homo sapiens aus.

Wir Menschen, als Teil des Lebens auf der Erde, haben uns nach den gleichen Grundsätzen entwickelt wie alle anderen Arten der Biosphäre, wie alle Pflanzen und Tiere. Wir wissen: Alle Wesen entstehen aus anderen, älteren Wesen. Alle Wesen haben die Fähigkeit, sich der Umwelt, in der sie zufällig gelandet sind, in Form und Verhalten anzupassen. Das führt dazu, dass sie besser werden als die frühere Art und mehr Nachkommen als diese erzeugen. Nach vielen weiteren Generationen ist eine neue Art entstanden, die die ursprüngliche Art verdrängen kann.

Das biologische Leben hat vor etwa vier Milliarden Jahren auf der Erde begonnen. Alle neuen Arten sind wie dargestellt entstanden. Immer wieder haben besser gewordene Arten ihre Vorgänger verdrängt, vermutlich sind 90 Prozent aller Arten, die je auf der Erde gelebt haben, wieder ausgestorben. Die Tiere und Pflanzen wurden immer leistungsfähiger. Wir Menschen haben viele Entwicklungsstufen durchlaufen und sind zum klügsten und fähigsten Tier auf der Erde geworden.

Die Weiterentwicklung, die Evolution, steht nicht still. Was wir im Augenblick erleben, ist eine Momentaufnahme, wir können in die Vergangenheit zurückblicken und die Zukunft vor uns sehen und ganz vielleicht sie ein wenig mitgestalten, bevor sie in unseren Händen zur Vergangenheit wird.

Die Diktatoren – früher sagte man etwas poetischer Tyrannen – werden nicht geschätzt, sie nehmen ihren Mitbürgern das Leben weg, ihre Entscheidungen bleiben wirkungslos. Trotzdem sind die Diktaturen ein sich immer wiederholendes Phänomen, ein Schicksalsschlag wie ein Tsunami oder ein Meteoriteneinschlag. Das Phänomen Diktatur ist im Augenblick besonders gewichtig, weil die Wirkungen eines Diktators heute weltweit ausstrahlen und das Schicksal des Lebens auf der Erde mitbestimmen. Die Diktatoren sind so sehr mit ihren persönlichen Problemen beschäftigt, dass sie wichtige Aufgaben, wie die Eindämmung der Erderwärmung, nicht hinreichend in Angriff nehmen.

Müssen Diktatoren sein? Eine Menschenwelt ohne Diktatoren ist vorstellbar, eine zivile demokratische Gesellschaft ohne Unterdrückungen könnte es geben. Allerdings sind Demokratien kein hinreichender Schutz vor Diktatoren, die häufig gewählt werden. Die Mehrheit der Menschen würde eine Gesellschaft ohne Diktatoren vorziehen. Wenn wir die Diktatoren vermeiden wollen, müssen wir zunächst ihren biologischen Kern, ihr Prinzip verstehen.

Es gibt viele Forschungen über das Phänomen Mensch, die mehr auf geisteswissenschaftlicher als auf naturwissenschaftlicher Basis beruhen. Man kann über Befragungen die Häufigkeit von Verhaltensweisen, über die Intensität des Strebens nach Erwerb, über die Empathie des normalen, statistisch gemittelten Menschen und über deren intellektuelle Fähigkeiten viel Wissen zusammentragen. Es ist schwer, aus diesen Unterlagen die biologischen gesellschaftlichen Fähigkeiten zu ermitteln, die das Zusammenleben von Diktaturen und Fußvolk steuern.

Es wäre notwendig zu verstehen, wie unsere aktuellen Verhaltensweisen entstanden sind, welchen Einwirkungen wir ausgesetzt waren, um so zu werden, wie wir sind. Gern zitiere ich einen Ausspruch von Johann Wolfgang von Goethe:
«Ganz allein durch die Aufklärung der Vergangenheit lässt sich die Gegenwart begreifen.»
Dieses Motto ist der Kern meiner Überlegungen. Wie geht es weiter?

Die menschliche Geschichte gibt wichtige Hinweise auf unsere Gesellschaft, wenn wir mehr als die in den Geschichtsbüchern festgehaltenen Erfolgsgeschichten betrachten und das Schicksal der unfreiwillig eingebundenen Akteure und Geschädigten miteinbeziehen. Eine etwas erweiterte Geschichtsbetrachtung führt uns zu der biologischen Evolution und deren Funktion. Sie führt uns weiter zu den Schimpansen und Gorillas, die zu unseren letzten tierischen Vorfahren gehören und deren Umgang miteinander wir deswegen erforschen können, weil sie glücklicherweise noch existieren. Interessant ist der Übergang von den Menschenaffen zu den ersten Menschen, wobei uns die Entwicklung des Verhaltens Rätsel aufgibt, denn Verhaltensweisen hinterlassen keine Fossilien. Mit dem erarbeiteten Rüstzeug widmen wir uns der bestehenden Gesellschaft, wobei viele Eigenschaften, die wir an unseren Mitmenschen erleben, in etwas neuem Licht erscheinen.

Wir leben heute mit Verhaltensweisen, die uns durch unsere Geschichte geführt haben, die uns bis zu einem gewissen Grad geprägt haben und die es uns ermöglicht haben, zum fähigsten Tier der Erde zu werden. Es sind aber Vorgaben, die es uns schwer machen, angemessen auf die heutigen Lebensbedingungen zu reagieren und unser Leben optimal zu gestalten, auch damit wir die drohende Klimaveränderung steuern können. Wir brauchen neue Erkenntnisse, Erfahrungen und Verhaltensgrundsätze, um den neuen Herausforderungen gewachsen zu sein. Um es ein wenig salopp zu sagen: Wir brauchen ein Update für unser soziales Verhalten.

1. DIE GESCHICHTE

Aus der Geschichte lernen

Die Geschichte bietet eine Sammlung von Ereignissen, die aufzeigen, wie sich Menschen in bestimmten Situationen verhalten. Wenn Menschen unter ähnlichen Bedingungen vergleichbar reagieren, dann kann ein Verhaltensmuster vermutet werden. Aus dem heutigen Wissensstand der Informatik könnte man sagen, die Menschen würden einem Programm folgen. Wenn dies so ist, dann könnten wir durch die Geschichte etwas über uns Menschen lernen. Es folgt ein Versuch.

Es ist Teil unserer menschlichen Welt, unserer Geschichte, dass Menschen Menschen umbringen. Genauer, die Menschen einer Gruppe töten die Menschen einer anderen Gruppe. In der Biosphäre geschieht es nicht häufig, dass die Individuen einer Art gegen Individuen der gleichen Art kämpfen, es wäre kontraproduktiv und würde den Bestand der Art schwächen. Für uns Menschen ist dies folgenlos, wir können die Verluste durch unsere Reproduktionsleistung mehr als ausgleichen. Aber das ist kaum ein hinreichender Grund für das gegenseitige Töten, höchstens ein Grund, nicht damit aufzuhören.

Auseinandersetzungen entstehen, wenn eine Gruppe etwas hat, was eine andere Gruppe haben will, wie Land, Nahrungsmittel, Vieh, Werkzeuge, Frauen und Sklaven. Jede Gruppe besteht aus einzelnen Individuen, die nur erfolgreich sind, wenn sie ein gemeinsames Interesse verbindet, wenn sie geschlossen agieren. Aber jemand muss denken, es muss ein Individuum geben, das Entscheidungen für die ganze Gruppe fällt und dem die übrigen Individuen blind vertrauen und schlicht tun, was es sagt. Es ist der Boss, eine Schlüsselfigur für das Verhalten der Gruppe. Die übrigen Individuen der Gruppe, ich möchte sie Fußvolk nennen, müssen dem Boss vertrauen und seinen Anordnungen folgen, wenn die Gruppe erfolgreich sein will.

Ein erster Blick auf die Geschichte zeigt, dass es häufig die Bosse sind, die Kriege führen, es sind die Feldherren, die Generäle, die Könige, auch Tyrannen und Diktatoren. Im Idealfall vertreten sie die Interessen der Gruppe, das heißt des Volkes oder des Landes, dem sie vorstehen. Es ist aber verbreitete Praxis, dass sie ihre eigenen Interessen vertreten. Dies ist ein elementares Problem der menschlichen Gesellschaft, es füllt die Geschichtsbücher, in denen von kriegführenden Ländern und Völkern die Rede ist, während bei näherem Hinsehen erkennbar wird, dass die Herrscher über die Völker diese einsetzen, um ihre eigenen Interessen durchzusetzen.

Auseinandersetzungen zwischen Völkern, Ländern und Religionen sind das Hauptproblem der Menschheit. Im Jahr 2018 sind auf der ganzen Welt zwei Billionen Dollar für Militär und Rüstung ausgegeben worden; die Ausgaben wiederholen sich jährlich, denn Waffen veralten schnell und müssen durch neuere ersetzt werden. Das Geld würde ausreichen, alle acht Milliarden Menschen etwas besser als jetzt leben zu lassen und auch das Klimaproblem einer Lösung näherzubringen.

Um Verständnis über Kriege und Auseinandersetzungen zu gewinnen, möchte ich einige Herrscher, die eine blutige Spur in der Geschichte hinterlassen haben, näher untersuchen, um die Motive und die Mechanismen ihres Tuns zu ergründen. Die gewonnenen Erkenntnisse treffen bei vielen anderen Herrschern der Vergangenheit, aber auch der Gegenwart zu.

Alexander der Große (356–323 v. Chr.)

Er war König von Mazedonien, einem kleinen Königreich Griechenlands, ein begabter Feldherr und Krieger. Er hat als junger Mann Griechenland unterworfen, dann Persien und Ägypten erobert und schließlich einen Kriegszug bis nach Indien unternommen. Seine Soldaten, Mazedonier, Griechen und später auch Perser, waren ihm blind ergeben, sie bewunderten ihn als jugendlichen Anführer, als Held. Neben seiner Intelligenz und seiner Durchsetzungskraft war er ein überaus mutiger Kämpfer. Sein Motiv für die Eroberungen ist unklar. Ein geografisch so riesiges Reich langfristig zu beherrschen, es als Einheit bestehen zu lassen, ist kaum vorstellbar, es kann kaum sein Ziel gewesen sein. Das Erobern, sich in Kämpfen zu bewähren und dafür verehrt zu werden, war vermutlich sein Hauptinteresse. Er wurde mehrfach verwundet, feierte laufend Feste, wohl eher Orgien. Wahrscheinlich hat er sich in Rauschzustände versetzt, um sich Kämpfe und Triumphe vorzustellen, die er nach strapaziösen kriegerischen Unternehmungen und den Verwundungen nicht mehr erbringen konnte. Er wurde extrem argwöhnisch und ließ Mitkämpfer umbringen, oder tat dies selbst, denen er in seinen Rauschzuständen glaubte nicht mehr vertrauen zu können. Seine Macht entglitt ihm. Er starb mit 33 Jahren an einer unbekannten Erkrankung, Gift wurde vermutet. Für sein Gefolge und die eroberten Länder war er eine Katastrophe. Die Bevölkerung ganzer Städte wurde ermordet oder als Sklaven verkauft, was allerdings damals nicht ungewöhnlich war, um kriegerische Unternehmungen zu finanzieren. Von der Nachwelt und der Geschichtsschreibung wird ihm hoch angerechnet, dass er die Kultur des Griechentums bis nach Indien verbreitet und den Kontakt mit vielen Völkerschaften und fremden Kulturen hergestellt hat. Die kulturellen Folgen seines Eroberungszuges, aber auch seine markante Persönlichkeit haben ihm das Attribut *Der Große* eingebracht. Alexander war ichbezogen, Verantwortung für die Länder und die ihm ergebenen Kämpfer empfand er nicht. Seine Kämpfer folgten ihm bedingungslos, sie begriffen nicht, dass er nicht an sie dachte, sondern seine eigenen Lebensvorstellungen verwirklichen wollte.

Gaius Julius Caesar (100–44 v. Chr.)

Caesar war ein Diktator, der die Geschichte nachhaltig beeinflusst hat. Seine Name wurde zum bedeutendsten Titel vieler Herrscher und Staatslenker: *Kaiser.* Caesar war der Spross einer alten Adelsfamilie. Er war gebildet, kannte die griechische und römische Literatur und hatte naturwissenschaftliche Kenntnisse. Seine Eitelkeit war allgemein bekannt, seine sich früh herausbildende Glatze hat er mit einem Lorbeerkranz verdeckt. Er hatte eine überragende funktionelle Intelligenz; für seine Fähigkeit, Umstände schnell zu erfassen und daraus die richtigen Schlüsse zu ziehen, wurde er gerühmt. Caesar war sein ganzes Leben in Kriege verwickelt, in Spanien, Ägypten, Gallien, Griechenland und Kleinasien. Er konnte schnell reisen, er war immer an den Brennpunkten des Geschehens. Bei der Bevölkerung Roms war er beliebt, er war der Held der Massen. Er hatte Charisma. Als brillanter Stratege war er durchwegs erfolgreich. Seine Legionen verehrten ihn, für seine Soldaten hat er gesorgt.

Caesar war ruhmsüchtig. Sein ganzes Streben war, Rom und damit das ganze Imperium zu beherrschen. Er brauchte einen Beweis für seine überragenden Fähigkeiten. Den Beweis lieferte er mit der Eroberung von Gallien, mit viel Geschick und extremer Grausamkeit. Mit den ihm ergebenen Legionen zog er nach Rom und beendete die römische Republik mit einem Staatsstreich. Kurz vor seinem endgültigen Erfolg wurde er von Patrioten, von Anhängern der Republik, ermordet.

Caesar war grausam und rachsüchtig. Nach der Eroberung der letzten Stadt, die ihm in Gallien Widerstand leistete, Uxellodum am Lot, ließ er allen Männern die Hände abhacken. Können Sie sich vorstellen, einen solchen Befehl im Interesse eines persönlichen Vorteils zu erlassen? Die Eroberung von Gallien soll etwa einer Million Menschen das Leben gekostet haben. Persönliche Feinde verfolgte er erbarmungslos, viele Details sind überliefert.

Die Legionen, die entscheidende militärische Macht, bestanden aus Berufssoldaten, es waren zuverlässige Kriegsmaschinen, sozial abgesichert. Sie taten, was verlangt wurde.

Caesar war Begründer des Römischen Kaiserreiches, das über Jahrhunderte Europa, Kleinasien und auch Nordafrika beherrschte. Es ist fraglich, ob Caesar dieses Ergebnis angestrebt hatte, für das er von der älteren Geschichtsschreibung emphatisch gefeiert wurde. Sein Impuls war es, Herrscher von Rom zu werden, was immer es an Menschenleben kostete.

Kaiser Nero (37–68 n. Chr.)

Nero war einer der berühmtesten Diktatoren der Weltgeschichte. Er war von 54 bis 68 n. Chr. römischer Kaiser. Berühmt wurde er durch die erste Christenverfolgung. Im Jahr 64 verbrannten große Teile von Rom in einer riesigen Feuersbrunst, die erst nach neun Tagen gelöscht werden konnte. Nero wurde verdächtigt, das Feuer gelegt zu haben; noch heute wird sein Name mit *Brennen* assoziiert. Er musste Schuldige benennen. Als Schuldige bot sich die Sekte der Christen an. Es war eine sich absondernde Gruppe geringer Akzeptanz, denen man eine solche Untat zutraute. Damit begann die Christenverfolgung. Die Christen wurden an Pfähle gebunden und verbrannt, sie wurden auch in der Arena von Tieren zerrissen. Mit Brot und Spielen, mit schrecklichen Vorführungen von Quälereien erkaufte er sich die öffentliche Wertschätzung.

Nero erfüllte alle Vorstellungen eines Diktators. Orgien waren an der Tagesordnung. Nach und nach ließ er zahlreiche Verwandte der früheren Imperatoren Augustus und Tiberius ermorden, da er in ihnen potentielle Nachfolger und Konkurrenten sah. Er ließ seine Mutter töten. Die Orgien wurden immer extremer, als wollte er ausprobieren, was noch machbar ist, um sein Vergnügen zu steigern. Er nahm an den olympischen Wettkämpfen teil, auch hier wollte er als Supermann gefeiert werden. Seine Siege waren gekauft.

Nero hielt sich für einen großen Sänger; er trat öffentlich auf, was für die Patrizier und die öffentlich und politisch tätigen Römer schwer erträglich war. Sein Ehrgeiz war, für seine künstlerischen Darbietungen öffentlich gefeiert zu werden. Wie sehr ihm seine Bedeutung als Künstler am Herzen lag, beweisen seine letzten Worte vor seinem mit Hilfe eines Sklaven vollzogenen Selbstmordes: *«Welch ein Künstler geht mit mir verloren!»*

Seine persönlichen Interessen, seine Sucht nach Vergnügungen, seine Anerkennung als Sänger waren ihm weit wichtiger als die Regierungsgeschäfte. Er war ein sich selbst verwirklichender grausamer Monomane.

Karl der Große (747–814 n. Chr.)

Karl der Große war von 768 bis 814 König des Fränkischen Reiches. Mit Beginn seines 27. Jahres war er sein ganzes Leben in Kriege verwickelt, in Italien, Bayern, Spanien und in den an das Frankenreich angrenzenden Gebieten. In Karls Regierungszeit gab es jeden Sommer Krieg. Alle Abhängigen, die Grafen und Markgrafen, die zur Infrastruktur gehörten, mussten zur Vermeidung von Bestrafungen mit Soldaten erscheinen und bei den Unternehmungen mitwirken.

Gegen die Sachsen, die sich gegen seine Herrschaft wehrten, kämpfte er 30 Jahre. Offiziell hieß es, die Sachsen müssten zum Christentum bekehrt werden, womit seine Herrschaft besiegelt würde. Die Sachsen wollten nur in Ruhe gelassen werden. Karl war rachsüchtig, mehrere Massaker sind belegt. Von einem Blutbad – Blutgericht von Verden – wird berichtet, es seien 4500 Sachsen ermordet worden. Die Geschichtsbücher schreiben, Karl habe für die Verbreitung des Christentums gekämpft. Die den Sachsen angebotene Alternative sei gewesen: *Taufe oder Tod.* Ich bin kein Geschichtswissenschaftler, glaube aber nicht an Karls christliches Motiv.

Die Verbissenheit, mit der Karl gegen die Sachsen kämpfte, ist strategisch nicht erklärbar. Sein Problem war, dass er die Ordnung nicht herstellen konnte, der sich die Sachsen widersetzten. Der Krieg gegen die Sachsen war sein Krieg, er wollte siegen; es war nicht der Krieg seiner Kämpfer, nicht der des Frankenreiches.

Ziehen wir eine Bilanz. Viele Menschen wurden getötet als Karls Kämpfer oder als Mitglieder feindlich angesehener Stämme oder Völker. Die fränkischen Kombattanten waren Opfer, sie standen unter Kontrolle ihrer unmittelbaren Vorgesetzten. Zudem folgten sie dem Motto aller Abhängigen: Was alle tun, ist richtig.

Was steht auf der positiven Seite? Es wurde ein Europa umfassendes Staatsgebilde geschaffen. Für die in diesem Gebilde lebenden Menschen war dies belanglos, kaum wahrzunehmen, jeder lebte in seiner Gemarkung, meist unter Kontrolle eines Grafen oder Kleinherrschers, der in das Gebilde eingebunden und dem Kaiser Karl verpflichtet war. Das Staatsgebilde, das Frankenreich zu Beginn des 9. Jahrhunderts, war groß, ein Ausweis der Leistung von Kaiser Karl. Das Fränkische Reich zerfiel in der nächsten Generation.

Adolf Hitler (1889–1945)

Hitler an seinen Taten zu messen, ist fast unmöglich. Ich folge neueren Veröffentlichungen aus seiner Frühzeit. Seinen Erfolg, seinen Aufstieg zum Reichskanzler verdankt Hitler ausschließlich seinem Rednertalent. Seine Darbietungen waren genau geplant. Er stand nie an erster Stelle auf der Rednerliste, er brauchte immer jemanden, der das Publikum für ihn anheizte. Doch auch dann war er vor einem Vortrag nervös und zerfahren. Häufig rang er nach dem passenden Einstieg und trachtete danach, sich in die Stimmung der Zuhörer einzufühlen. Wenn er den Eindruck hatte, das Publikum sei ihm gewogen, begann er eher zaghaft und vorsichtig. Zu Beginn war seine Stimmlage noch normal, und er behandelte sein Thema verhältnismäßig objektiv. Allmählich wurde seine Stimmlage höher, und er sprach schneller. Wenn das Publikum reagierte, wurde er immer lauter, die Worte sprudelten nur so aus ihm heraus. Jetzt war jede Objektivität geschwunden, und die Leidenschaft hatte ihn vollständig mit Beschlag belegt. Aus seinem Mund quollen nun ohne Unterlass Flüche, Beschimpfungen, Verleumdungen und Hasstiraden. Der stete Strom unflätiger Ausdrücke mündete sowohl beim Publikum als auch bei ihm in einen ekstatischen Zustand. Er atmete schwer unkontrolliert, er war schweißgebadet. Oft auch ist auf das sexuelle Element in seinen Reden hingewiesen worden, und gelegentlich wurde der Höhepunkt seiner Tiraden mit einem Orgasmus verglichen. Die tatsächlich vermittelte Information war gering. Er erklärte, dass die deutsche Armee im Krieg nicht besiegt und Deutschland in Versailles betrogen worden sei. An allem Missgeschick trage das Judentum, insbesondere der jüdische Bolschewismus die Schuld.

Die Reden haben eine wichtige Verbindung gezeigt: Die Begeisterung, die der zeitgenössische Beobachter mit einem Orgasmus verglichen hat, war tatsächlich für beide Seiten hoch befriedigend. Hitler wurde gefeiert, er erlebte seine Bedeutung als Retter der Welt, als Vernichter des Judentums. Das Publikum wurde erlöst. Endlich sei der immer schon erwartete Supermann gekommen, der uns von aller Mühsal befreit, der Armut, der Arbeitslosigkeit. Es ist jemand gekommen, der die Welt wieder einfach sieht, einfach erklären kann und der tatkräftig ist. Was er braucht, ist unsere Unterstützung, unser Vertrauen!

Das Thema seines Lebens war der Antisemitismus. Das Buch *Mein Kampf* ist kaum mehr als eine antisemitische Hetzschrift. Er war irgendwie zu der Idee gekommen, Juden seien nicht eine Religion, sondern eine Rasse. Ich vermute, dass sein Größenwahnsinn sich an der Zahl der getöteten Juden orientierte, was sich als eine Erklärung für die Weiterführung des verlorenen Krieges anbietet. In seinem Testament aus dem Führerbunker Berlin gab er den Juden Schuld für das angestellte Desaster: *«Es werden Jahrhunderte vergehen, aber aus den Ruinen unserer Städte und Kunstdenkmäler wird sich der Haß gegen das letzten Endes verantwortliche Volk immer wieder erneuern, dem wir das alles zu verdanken haben: dem internationalen Judentum und seinen Helfern.»*

Als Zeitgenosse von Hitler kann ich persönliche Eindrücke beisteuern. Stundenlange Fußmärsche zum Königsplatz in München, um Reden anzuhören, die schon akustisch nicht zu verstehen waren, und das gemeinsame Gebrüll wie: *«Ein Volk, ein Reich, ein Führer! Führer, befiehl, wir folgen dir!»* Die ununterbrochene Berieselung mit Propaganda haben wir nach und nach nicht mehr wahrgenommen. *(«Wir werden den Krieg gewinnen, weil wir ihn gewinnen müssen!»)* Wir begriffen bald, dass wir unter Kontrolle stehen und jede falsche Bemerkung gefährlich war. Natürlich haben wir Deutschland den Sieg gewünscht. Den Nazistaat haben wir hingenommen, er war Schicksal. Von den Juden wussten wir nur, dass sie abgrundtief böse seien. Von den Morden wussten wir nichts. Es gab Konzentrationslager, so in Dachau, so wie es Gefängnisse gab. Mit dem Fortgang des Krieges begann der Zweifel am Endsieg. In aller Mund waren die Geheimwaffen, mit denen man uns ermunterte, den Krieg und die Luftangriffe weiter klaglos zu ertragen. Die Geheimwaffe musste es geben, denn ohne sie wäre die Weiterführung des

Krieges, der Tod vieler Menschen und die weitere Zerstörung deutscher Städte ja völlig sinnlos.

Hitlers Selbsteinschätzung war so überwältigend, dass er das Ausmaß seiner Niederlage als Maßstab seiner Größe ansehen konnte. Wenn schon gescheitert, dann wenigstens mit einem riesigen Knall. Er gab den Befehl, Paris an allen Ecken anzustecken und zu zerstören. Der Befehl wurde nicht befolgt. In den letzten Kriegstagen gab er den später Nero genannten Befehl: «*Alle militärischen Verkehrs-, Nachrichten-, Industrie- und Versorgungsanlagen sowie Sachwerte innerhalb des Reichsgebietes, die sich der Feind zur Fortsetzung seines Kampfes irgendwie sofort oder in absehbarer Zeit nutzbar machen kann, sind zu zerstören.*»

Hierzu passt das von Theo Morell, Hitlers Leibarzt, überlieferte Zitat: «*Ich werde alle Männer der Geschichte weit hinter mir lassen, ich will der Größte werden, und wenn das ganze deutsche Volk dabei verreckt!*»

Zur Geschichtsschreibung – eine Zwischenbemerkung

Die Geschichtsschreibung qualifiziert geschichtliche Personen häufig nach den Wirkungen, die sie ihrer Nachwelt hinterlassen haben. Wenn diese Hinterlassenschaften riesig sind, ist der Verursacher ein toller Held. Gaius Julius Caesar wurde von Richard Mommsen, dem Ahnherrn der Geschichtsschreibung, als einmaliges Genie gefeiert (römische Geschichte):

> «*Weniger Menschen Spannkraft ist also auf die Probe gestellt worden wie die dieses einzigen schöpferischen Genies, das Rom und des letzten, das die alte Welt hervorgebracht hat und dessen Bahnen sie denn auch bis zu ihrem eigenen Untergang sich bewegt hat.*»

Mommsen erhielt für dieses Buch den Nobelpreis für Literatur (1902). Auch neuere Veröffentlichungen über geschichtliche Größen bewerten sich nach den Wirkungen:

«Die Wirkungsgeschichte Karls (des Großen) über den Verlauf der Jahrhunderte war enorm und ist wohl mit der Rezeption keines anderen mittelalterlichen Herrschers vergleichbar, was auch am entsprechenden Umfang der Forschungsliteratur zur Rezeptionsgeschichte deutlich wird. Karl galt über das gesamte Mittelalter topisch als idealer Kaiser, als kraftvoller Herrscher und Förderer des christlichen Glaubens.» (Wikipedia 2019)

Tatsächlich sind viele sogenannte geschichtliche Persönlichkeiten für ihre Zeit wie ein Schicksalsschlag, ein Erdbeben, ein Tsunami oder ein Meteoreinschlag. Geschichtsschreibung soll belehrend sein. Es muss offenbar werden, dass sich diese oder jene gefeierte Unternehmung weder für die Ausführenden noch die Betroffenen gelohnt hat, sondern eher ein Desaster war. Die Toten, Verletzten, beraubten und geschändeten Menschen sind Teil der Folgen, die einem Kriegshelden negativ angerechnet werden sollten.

Die Beurteilungen müssten an den Zuständen gemessen werden, die sich ergeben hätten, wenn der gefeierte Herrscher oder Feldherr nicht auf der Bildfläche erschienen wäre. Die Geschichte wäre auch ohne Karl den Großen weitergelaufen, vielleicht ohne die Grässlichkeiten des christlichen Mittelalters. Wie sollen wir Adolf Hitler mit seinem Zweiten Weltkrieg und seiner Judenvernichtung bewerten, wenn wir Karl als Helden feiern?

Die Herrscher und die Beherrschten

Kriege sind aus unserer Geschichte nicht wegzudenken. Es gibt sie aus vielen Gründen, weil das eigene Siedlungsland aus klimatischen oder anderen Gründern verloren gegangen ist und neues Siedlungsland gewonnen werden muss oder weil das eigene Land gegen einen Eroberer verteidigt werden muss.

Viele Kriege werden geführt, weil Herrscher, Tyrannen und Diktatoren ihre Bedeutung manifestieren wollen, um zu beweisen, dass sie bedeutender sind als die Herrscher anderer Gebiete, da sie mehr Land besitzen als jene. Wenn sie denn die Zustimmung ihrer Untergebenen benötigen, vermitteln sie ihnen die Vorstellung, dass sich auch ihre Bedeutung und ihr Vermögen vergrößern wird, wenn dieses oder jenes Land ihrem Reich angegliedert wird.

Von vielen Kriegen, über die wir Aufzeichnungen besitzen, steht der Machtwunsch eines Herrschers im Vordergrund, auch dann, wenn ein anderer Grund vorgeschoben wird. Es ging den Herrschern um die Sicherung und Erweiterung ihrer Macht und um ihre aus der Masse der Bevölkerung hervorgehobene Einmaligkeit darzustellen, als Held oder rachsüchtiger Tyrann, der Furcht verbreitet. (Oderint dum metuant: *Mögen sie mich hassen, wenn sie mich nur fürchten!*) Je mehr Macht sie hatten, umso bedeutender erscheinen sie in ihrer Selbsteinschätzung. Kritik und Insubordination konnten sie nicht ertragen, sie waren grausam und rachsüchtig. Wenn sie schon mächtig sind, suchen sie nach weiteren Betätigungsfeldern, um zu beweisen, wie phänomenal gut sie sind, als Sänger, Dichter oder Kämpfer.

Alexander wollte für seine Tapferkeit und seine Eroberungen geliebt und geschätzt werden. Er konnte bei der Eroberung fremder Länder nicht satt werden. Nero wollte als Sänger, als Künstler verehrt werden und als Sieger in olympischen Wettbewerben. Caesar wollte Rom beherrschen; durch die Eroberung von Gallien und deren Darstellung wollte er seine Einmaligkeit als Feldherr unter Beweis stellen. Karl wollte ein großes Reich schaffen, sein Prüfstein war die Unterwerfung der Sachsen. Hitler wollte in allem der Größte sein, und wenn er schon kein Großreich schaffen konnte, dann wollte er doch wenigstens der konsequenteste Töter von Juden sein.

Was sind die entscheidenden Merkmale der Herrscher und Diktatoren? Ruhmsucht, Selbstüberschätzung, Rachsucht, Grausamkeit, das Fehlen von Empathie und die Unfähigkeit, Kritik zu ertragen.

Opfer der Herrscher sind die Kriegsgegner und das Volk des Herrschers. Es erlebt die Herrschaft als hinzunehmendes Schicksal, als das Leben, das ihnen vorbestimmt ist. Viele dienen sich dem Herrscher um kleiner Vorteile willen an und vergrößern seine Macht. Für die Untergebenen ist die Vorstellung entscheidend, dass das, was alle machen, nicht falsch ist. Sie wollen Teil von etwas Ganzem sein, eine auf sich selbst bezogene Sonderrolle streben sie nicht an und können sie auch nicht ausfüllen. Widerstand können Einzelne nicht leisten, nur eine Untergruppe aus Gleichgesinnten kann gegen die Herrschaft aufbegehren, die dem Einzelnen Halt bietet. Die Untergebenen sind die normalen Menschen, die Mehrheit, die ich mangels eines besseren Ausdrucks *Fußvolk* nenne. Sie gehören wie die Herrscher zu der Art Homo sapiens; sie gehorchen und machen dadurch den Herrscher mächtig.

Zwei unterschiedliche Menschentypen

Wir normalen Bürger, Angehörige des Fußvolks, können uns in die Rolle des Machthabers, Diktators und Tyrannen nicht hineindenken. Wir können uns nicht vorstellen, einen Mitarbeiter wegen einer Kritik an uns zu ermorden. Wir können uns nicht vorstellen, unter welchen Umständen auch immer Millionen von Menschen eines Glaubens in Gaskammern zu schicken. Wir können uns nicht vorstellen, Eroberungskriege zu führen, um gleich viel oder mehr Land unser Eigen zu nennen wie irgendwelche anderen Herrscher. Wir unterscheiden uns von den Machthabern dadurch, dass wir uns nicht so wichtig nehmen. *Die Unterschiede zwischen den Herrschern und uns normalen Individuen sind erheblich. Wir sind nicht die gleichen Menschen. Es sind zwei verschiedene Phänotypen der gleichen biologischen Art.*

Ich nenne die hervorgehobenen Menschen, die sich begabt fühlen, Macht auszuüben, *Alphas* und die übrige Mehrheit das *Fußvolk*. Ein gewisser Prozentsatz aller geborenen Menschen sind Alphas, die Übrigen sind Fußvolk. Der Prozentsatz der Alphas ist ein im Genom gespeicherter Wert, der sich nach Bewährung für die Gruppe von Menschen einpendelt. Es gibt ausgeprägte Alphas. Die Mehrheit der Menschen sind Mischformen.

Unterschiedliche Phänotypen im Tierreich und beim Homo sapiens

Die Aufteilung in unterschiedliche Phänotypen gibt es im Tierreich, besonders bei Tieren, die in organisierten Gruppen leben. Bei den Murmeltieren, Erdmännchen und Wildhunden gibt es Phänotypen, die in den Gruppen unterschiedliche Funktionen ausüben, das heißt selbst nicht zeugen, aber helfen, die Nachkommen der Gruppe großzuziehen. Es gibt in Afrika einen Vogel (*Pyrenestes ostrinus*) mit zwei Phänotypen, die mit ganz unterschiedlichen Schnabelformen erscheinen, je nachdem, welche Futterpflanze gerade am besten wächst.

Bei der Art Homo sapiens gibt es eine andere Art der Aufteilung in zwei Phänotypen, an die wir uns so gewöhnt haben, dass sie uns nicht als etwas Besonderes erscheint: die Aufteilung in homosexuelle und heterosexuelle Individuen. Es gibt ein manifestes Zahlenverhältnis zwischen beiden, auch wenn dies wegen der Schwierigkeit der Ermittlung nicht feststeht.

Die Feststellung, dass es auch bezogen auf die gesellschaftlichen Eigenschaften verschiedene Phänotypen gibt, ist also alles andere als überraschend.

Die Erkenntnis, dass es bezogen auf die gesellschaftlichen Fähigkeiten zwei extrem unterschiedliche Phänotypen gibt, also eine Bipolarität der Art Homo sapiens, ist für das Verständnis der Biologie und der Geschichte und für das gesellschaftliche Verständnis der Gegenwart von elementarer Bedeutung. Ohne sie ist eine Erklärung der menschlichen Geschichte nicht möglich. Die Aufteilung kann, als biologisches Merkmal der Art Homo sapiens, nur auf evolutionärem Wege entstanden sein, denn einen anderen Weg kennen wir nicht. Die beiden Phänotypen haben also durch die Wahrnehmung unterschiedlicher Aufgaben die Reproduktionsleistung der Gruppe als Ganzes gesteigert. In den nachfolgenden Kapiteln werde ich zeigen, wie sich diese Aufteilung im Verlauf der evolutionären Menschwerdung herausgebildet hat. Zu der Entstehung der Zweiteilung gehört das zahlenmäßige Verhältnis der beiden Phänotypen, was ein Merkmal der Art ist. Wenigen Alphas steht eine große Zahl von Individuen des Fußvolks gegenüber.

Bei der sexuellen Differenzierung gibt es Mischformen, die Bisexuellen. Diese Mischformen gibt es auch bei den Alphas, das heißt reine Alphas und Individuen, die mehr oder weniger Merkmale von Alphas zeigen. Diese Mischformen spielen bei der Hierarchie eine Rolle, die ein geordnetes und friedliches Miteinander gewährleistet. Reine Alphas gibt es in jeder Gruppe, genau wie homosexuelle Individuen.

2. DIE BIOLOGIE

Die Evolution – Wie sich das Leben entwickelt und behauptet

Jede Beschäftigung mit der Evolution muss bei Charles Darwin (1809–1882) beginnen. Seine Erkenntnisse sind Grundlagen unseres heutigen Wissens über die Natur. Charles Darwin hat erkannt, dass die Biosphäre sich laufend wandelt und dass alle biologischen Arten aus älteren Arten entstanden sind. Er hat richtig vermutet, dass alle lebenden Wesen auf einen Stammbaum des Lebens zurückgehen. Voraussetzung für das Verständnis des *Darwinismus* ist, dass Nachkommen von Tieren und Pflanzen nie reine Kopien der Eltern sind, sie haben also auch unterschiedliche Chancen, sich in der vorgefundenen Umwelt zu behaupten. Nehmen wir an, bei einem Individuum einer Art sei zufällig ein Merkmal erschienen, das ihm erleichtert, in der Umwelt zurechtzukommen und deshalb auch mehr Nachkommen zu erzeugen als andere Individuen der Art. Von diesen Nachkommen werden einige wieder das günstige Merkmal besitzen. Von Generation zu Generation wird sich das Merkmal mit dem Produktionsvorteil verbreiten. Es wird sich also durchsetzen und das Bild der Art verändern, vielleicht auch eine neue Art begründen. Die um das Merkmal verbesserte Art oder die neue Art ist also dadurch entstanden, dass die Umwelt, die äußeren Bedingungen, die am besten angepassten Individuen aussortiert hat; sie überleben und pflanzen sich fort. Für die Evolution gilt ganz allgemein der Satz: *Was sich bewährt, bleibt bestehen.*

Charles Darwin hat seinen Zeitgenossen das so erklärt: Ein Züchter, der zum Beispiel ein Rind mit verbesserter Milchleistung wünscht, *selektiert* für die Paarung immer solche Exemplare, die eine vergleichsweise hohe Milchproduktion aufweisen oder die Anlage hierzu vererben. Das Ergebnis sind Kühe, die mehr Milch liefern, als zur Aufzucht von Kälbern nötig wäre, und füllen dem Züchter die Kasse. Das gilt auch für andere Eigenschaften von gezüchteten Tieren, durch gezielte Paarung können die Eigenschaften der Nachkommen in gewissem Umfang gesteuert werden. Darwin erklärte, dass das, was Züchter machen, in freier Natur ebenfalls vor sich geht, die *Zuchtwahl, die Selektion, ist dann natürlich.* Die erfolgreichsten Exemplare, die mit den bestehenden Lebensumständen am besten zurechtkommen, erzeugen eine größere Zahl von Nachkommen, die vielleicht die ältere Form mit der ursprünglichen geringeren Leistungsfähigkeit verdrängen.

In dem Hauptwerk von Charles Darwin, *Die Entstehung der Arten durch natürliche Zuchtwahl oder die Erhaltung der bevorzugten Rassen im Kampf ums Dasein (The origin of species by means of natural selection or the preservation of favoured races in the struggle for life,* 1859), steht der Satz: *Nie dürfen wir vergessen, dass jedes organische Wesen sozusagen die äußerste Vermehrung seiner Kopfzahl anstrebt.*

Dieser Satz hat Verwirrung gestiftet. Nach der natürlichen Selektion (Zuchtwahl) überleben, Generation für Generation, immer die Individuen, die die meisten Nachkommen hinterlassen. Die nicht so gut sind, verschwinden mit der Zeit unter der Annahme, dass das Verbreitungsgebiet einer Art begrenzt ist. Die Beobachtung und das Wissen um die natürliche Selektion reichen aus, um das zu erklären, was der Naturforscher sieht, nämlich fleißig nestbauende Vögel und Muttertiere mit vielen Kindern. Die von Darwin zusätzlich angebotene Erklärung, das Anstreben der äußersten Kopfzahl, ist unnötig. Was der Naturforscher sieht, ergibt sich von selbst.

Der bedeutende Biologe Edward O. Wilson, (*Soziobiology, the new Synthesis,* 1975) hat die Überlegung von Darwin aufgegriffen, sie hat unter der Bezeichnung *Soziobiologie* die biologische Wissenschaft in den letzten Jahrzehnten beschäftigt. Wenn tierische Individuen anderen Individuen – nicht Nachkommen – bei der Aufzucht ihrer Nachkommen behilflich sind, verstoßen sie gegen das angenommene Darwin'sche Prinzip, dass jedes Individuum so viele Nachkommen wie möglich erzeugen soll, also alles tun müsse, um *sein Erbgut* weiterzureichen. Die Hilfe für fremde Nachkommen sei also *altruistisch,* schädlich für das eigene Erbgut, dem Pflegeleistung verloren ginge. Die Soziobiologie umgeht dieses Problem mit der Annahme, dass die Individuen, denen die altruistische Hilfe zuteilwird, Verwandte sind, in denen die gleichen Gene existieren wie in den hilfeleistenden Individuen. Also Verwandten dürfe man helfen, da sie die gleichen Gene haben, was in der Praxis ja auch geschieht. Das angenommene Darwin'sche Prinzip wird nicht verletzt. Die Soziobiologie geht also von einem unbegrenzten Vermehrungsstreben der Gene aus, nur um die beobachtete Hilfe zu erklären, die den nicht verwandten oder verschwägerten Individuen zuteilwird. Edward O. Wilson hat in seinem Buch, *The Social Conquest of Earth*, 2012 *(Die soziale Eroberung der Erde)*, seine Aussagen von 1975 widerrufen.

Wie sich die Weitergabe von Erbinformationen abspielt

Die Evolution, die Wandlung von den biologischen Wesen, geschieht in den Genen, den Speichern des Erbguts. Wenn ein neues Wesen entsteht, werden aus den Genen der Eltern Merkmale gemischt, auch ältere Formen können aufgenommen werden. Die Gene des neuen Wesens können auch durch Störfaktoren wie Photonen teilweise ausgelöscht oder getrennt werden und sich in abgewandelten Kombinationen wieder verbinden. Auch Kopierfehler können auftreten. Was bei der Verbindung der elterlichen Gene für das neue Wesen geschieht, ist zufällig. Das neue Wesen kann perfekt werden oder lebensunfähig.

Die Ereignisse auf der Ebene der Gene sind zufällig, so wie das Werfen von Würfeln. Niemand und nichts ist eigensüchtig oder altruistisch. Das Prinzip der Evolution besteht darin, dass eben keine Gesetze die zufälligen Abläufe beeinflussen. Irgendwelche an einem Individuum erscheinenden Merkmale, die den Lebenskampf erleichtern oder die Aufzucht von Nachkommen verbessern, sind immer *Zufallstreffer.*

Die Evolution folgt keinem Gesetz, alles läuft einfach ab. Alle Vorgänge der Welt laufen wie eine Uhr ab, man könnte es *natürlichen Ablauf* nennen. Auf der ganzen Welt verbleiben alle Körper in Ruhe (oder gleichförmig bewegt), wenn keine Kräfte auf sie einwirken (Isaak Newton, 1642–1726). Das bedeutet, dass sich alle Körper bewegen, wenn Kräfte auf sie einwirken und Bewegungsmöglichkeiten gegeben sind. Die Abläufe gehen von den in dieser Sekunde bestehenden Möglichkeiten aus und steuern den Zustand in der nächsten Sekunde. Wenn die Situation keine Richtung angibt und Energie vorhanden ist, regiert der Zufall. Jede Bewegung, jedes Sandkorn, jedes Blatt im Wind folgt diesem Prinzip, auch die Entstehung neuer Wesen bei der Verbindung der elterlichen Keimzellen.

Es hat sich als schwierig herausgestellt, die Soziobiologie zu widerlegen. Sie erklärt einen ganz normalen biologischen Ablauf mit dem Ziel, die Darwin'sche Vorstellung, jedes Wesen wolle sich extrem vermehren, nicht zu verletzen. Sie ist aber zur Erklärung von einfach ablaufenden Geschehnissen nicht erforderlich. Das Darwin'sche Prinzip besteht nicht. Richtig ist, dass nur die Bewährung über den Bestand entscheidet: *Was sich bewährt, bleibt bestehen.*

Wir sollten die Worte von Charles Darwin nicht auf die Goldwaage legen. Er hatte große Schwierigkeiten, den Zeitgenossen seine neuen Erkenntnisse der Evolution zu erklären, die noch die Entstehungsgeschichte der Welt nach dem Alten Testament als hinreichende Erklärung für allen Anfang ansahen. Überlegungen zum Zufall wollte oder konnte Darwin nicht anbieten. Es schmälert seine Bedeutung nicht. Seinen Nachfolgern hätte man die verbesserte Erkenntnis zutrauen müssen.

Wir Menschen sind ein Produkt der Evolution. Das Darwin'sche Prinzip, jedes Wesen sei bestrebt, so viele Nachkommen zu zeugen wie eben geht, gilt aber für uns ganz offensichtlich nicht mehr; wir sind eher bestrebt, die Zahl unserer Nachkommen zu begrenzen. Die Evolution gilt aber immer. Wir Menschen haben uns ein anderes, ein neueres Ziel gesetzt. Nur weil in der vormenschlichen Zeit die Fruchtbarkeit der Arten eine entscheidende Rolle gespielt hat, weil die Fleißigen sich durchgesetzt haben, kamen Darwin und seine Nachfolger zu der Annahme, alle Wesen müssten sich optimal vervielfältigen *wollen*. Das Prinzip der Evolution, der natürliche Ablauf, das Weiterschreiten der Zeit, gilt unverändert und damit die Evolution. Sie ist der *natürliche Ablauf* der Welt in der Biosphäre. Die Kriterien der Selektion haben sich für uns Menschen geändert. Wir wollen Bilder malen, Werkzeuge herstellen, Musik machen, tanzen, forschen und vielleicht auch kämpfen. Wir hatten Zeit gewonnen, die Erzeugung und die Aufzucht von Nachwuchs haben die Frauen und die gute Organisation besorgt; wäre es nicht so gewesen, hätten wir nicht entstehen können. Es war der Einstieg in die weitere kulturelle Entwicklung.

Die Gruppen

Viele Tiere sind die Einzelgänger, erzeugen Nachwuchs, so wie Charles Darwin das beschrieben hat. Es hat sich bei einigen Arten, wie beispielsweise bei den Wölfen, herausgestellt, dass es Vorteile bringt, wenn viele Individuen gemeinsam den Wurf von nur einer Wölfin aufziehen, ihn beschützen und mit Nahrung versorgen. Eine einsame Wölfin könnte den Schutz des Wurfes und daneben die Besorgung von Nahrung nicht leisten. Die gemeinsame Aufzucht eines Wurfes wurde *selektiert*, weil dabei mehr Wölfe der nächsten Generation die Geschlechtsreife erreichen, als das den allein aufziehenden Wölfinnen möglich wäre. Es hat sich ein neues Prinzip herausgebildet. Die Alphawölfin, die den zu schützenden Wurf produziert hat, bringt Welpen einer anderen Wölfin um. Ich vermute, dass in der Wolfsfamilie nur die Alphawölfin läufig wird.

Der Zusammenschluss von Tieren vieler Arten zu Gruppen – so sollen alle kooperativen Verbindungen von Tieren genannt werden – ist bei vielen Arten verbreitet, und es gibt viele unterschiedliche Muster der Kooperationen. Die Menschenaffen und die entstehenden Menschen leben in komplizierten Gruppen. Wenn man von Merkmalen von Arten spricht, denkt man an körperlich feststellbare Merkmale wie lange Beine, Greifzähne, dickes Fell usw. Bei den in Gruppen lebenden Tieren gibt es Verhaltensmerkmale, die spezifisch für Gruppen sind. Hierzu gehört gegenseitiger Schutz und auch das Teilen von Nahrung. Das *gruppendienliche Verhalten* wird zu einem Merkmal der Gruppe. Und die Gruppe ist der Evolution unterworfen; die Gruppen, bei denen die Individuen sich durch gruppendienliches Verhalten auszeichnen, bleiben bestehen und setzen sich fort.

Gorillas und Schimpansen

Zwei Phänotypen haben unser gesellschaftliches Leben geformt, die Herrscher und die Beherrschten. Sie sind nach den Prinzipien der Evolution entstanden, denn andere Entstehungsmöglichkeiten kennen wir nicht. Das bedeutet, dass die Aufteilung der Individuen der Art Homo sapiens in zwei Phänotypen die Reproduktionsleistung der Art Homo sapiens gesteigert hat. Die detaillierte Entstehungsgeschichte könnte uns weitere Erkenntnisse über die Wirkungsweise und Konsequenzen der beiden Phänotypen vermitteln; sie ist aber schwer zu erforschen, denn soziales Verhalten erschließt sich nicht aus aufgefundenen Fossilien. Was wir wissen ist, dass sich vor etwa sechs Millionen Jahren die Entwicklungslinie des Homo sapiens von der zu den heutigen Schimpansen führenden Linie getrennt hat. Diese Trennung markiert den letzten Punkt der verwandtschaftlichen Verbindung zwischen dem Homo sapiens und der übrigen belebten Welt. Bereits einige Millionen Jahre vor dieser Trennung hat sich die zu Menschen und Schimpansen führende Linie von der zu den Gorillas führenden Linie getrennt.

Wir wissen weiterhin, dass es damals in Ostafrika eine Klimaveränderung gegeben hat, die zu einer Veränderung der Vegetation führte. Ein Teil des von Wald und Busch bedeckten Landes entwickelte sich zur Savanne. Die Gorillas und Schimpansen folgten dem Wald in Richtung Mittelafrika, die Menschenvorläufer mussten sich in der erheblich unfreundlicheren Savanne behaupten. Für die Menschenaffen bestanden aus der Umwelt heraus keine Impulse, das eingeübte soziale Verhalten zu verändern. Wir nehmen deshalb an, dass die heutigen wild lebenden Menschenaffen in einer Gesellschaftsform leben, die im Wesentlichen gleich ist wie die von vor sechs Millionen Jahren, als die zu uns Menschen führende Linie eigene Wege ging. Diese frühen Gesellschaftsformen versuche ich darzustellen.

Wir verdanken zwei bedeutenden amerikanischen Forscherinnen grundlegende Erkenntnisse über die Menschenaffen. Jane Goodall (*1938), die 30 Jahre lang Schimpansen (Pan troglodytes) im Gombe-Stream-Nationalpark in Tansania erforschte, man kann sagen, unter ihnen lebte, und Dian Fossey (1932–1985), die Berggorillas (Gorilla beringei beringei) im

Karisoke Research Center in Ruanda erforschte und mit ihnen vertraut war. Dian Fossey hat sich auch sehr für den Schutz von Gorillas gegen Wilderer eingesetzt. Ein Wilderer hat sie umgebracht. Die beschreibenden Berichte verfolgen das Schicksal von Gruppen über viele Jahre hinweg. Am meisten haben mich die Beschreibungen der handelnden hominiden Persönlichkeiten berührt, über den Umgang zwischen Kindern, Müttern und Erzeugern, zwischen Anverwandten und Freunden, der in vielen Details an den Umgang in heutigen menschlichen Familien erinnert. Die Fähigkeit zu diesem an den Persönlichkeiten orientierten Umgang miteinander ist die Basis des gesellschaftlichen Lebens, nicht nur bei den Menschenaffen, sondern auch bei uns.

Bosse, Hierarchien und Machtdemonstrationen

Die Gorillas sind reine Vegetarier, die Schimpansen vornehmlich. Die Tiere müssen also unentwegt nach Bäumen und Büschen suchen, die abgeerntet werden können. Die sich ergebenden Wanderungen müssen gemeinsam durchgeführt werden, damit der durch diese Gemeinsamkeit gegebene Schutz bestehen bleibt. Es muss also ein Tier geben, das die Gruppe führt. Dieses Tier möchte ich Boss nennen, er ist eine starke und anerkannte Persönlichkeit. Eine Gruppe ohne Boss wäre nicht überlebensfähig, sie würde zerfallen. Die Bosse benötigen eine Unterstützung, sie brauchen Gehilfen zur Behauptung ihrer Macht. Bei den Schimpansen sind es häufig männliche Verwandte, die dem Boss weiteres Gewicht verleihen und ihm gegebenenfalls beistehen. Bei den Gorillas ist der Boss ein Silberrücken, ein geschlechtsreifes Männchen, das von einem Schwarzrücken unterstützt wird, einem noch nicht geschlechtsreifen männlichen Tier. Es gibt bei den Gorillas und den Schimpansen Fälle, bei denen zwei Bosse gemeinsam regieren.

Wir wissen von den Berichten der beiden Forscherinnen, dass in den Gruppen eine hierarchische Ordnung besteht, in der jedes Tier seinen Platz kennt. Eine hierarchische Ordnung gibt es auch bei anderen Tierarten, sehr ausgeprägt bei den Pavianen. Die Fellpflege, zumal das Lausen, ist bei den

Menschenaffen notwendig, und man braucht dazu die Hilfe von einem befreundeten Tier, denn überall kommt man nicht hin. Wer wen lausen darf, ist aber geregelt und eine Anzeige des hierarchischen Status. Man lässt sich nicht von irgendeinem unterqualifizierten Tier lausen. Junge Leute müssen sich langsam hochdienen und ein Gespür dafür entwickeln, wem sie ans Fell rücken dürfen. Die Hierarche besteht auch für die weiblichen Tiere. Für einen jungen Affen, der in die Selbstständigkeit entlassen wird, ist der Status seiner Mutter sehr wichtig, ist sie angesehen, darf er sich etwas höher einordnen.

Durch die hierarchische Ordnung besteht ein Gerüst, das jedem seinen Platz anweist und internem Streit vorbeugt. Auseinandersetzungen gibt es, sie werden aber vom Boss beendet und reguliert. Blutigen Streit, auch mit Todesfolge, gibt es in den Gruppen selten, aber gelegentlich zwischen Gruppen. In Gombe hat es 1974–1978 einen Krieg zwischen benachbarten Gruppen von Schimpansen gegeben. Es ist nicht auszuschließen, dass durch das Eingreifen der Menschen in den Lebensraum der Schimpansen Begrenzungen entstanden sind, die Revierkämpfe ausgelöst haben.

Die Position des Bosses verlangt intellektuelle Fähigkeiten. Er muss das Gebiet der Gruppe gut kennen, um sie zu guten Weideplätzen führen zu können. Er muss seine Gruppe verteidigen – gegen an Babys interessierten Leoparden, gegen benachbarte Gruppen, die an Weibchen interessiert sind, gelegentlich muss er ein Weibchen seiner Gruppe von den Nachbarn wieder zurückholen. Er braucht Durchsetzungsvermögen. Jane Goodall hat festgestellt, dass nicht alle Schimpansen geeignet sind, Boss zu werden. Sie führt Beispiele an, in denen sich Kinder einer Mutter und eines Erzeugers völlig unterschiedlich entwickeln. Einer wird Boss, der andere bleibt im Mittelmaß. Es gibt in der Gesellschaft für Führungsrollen begabte Individuen, die Alphas, und weniger begabte, die das Fußvolk bilden.

Beide Forscherinnen berichten, dass die Gruppen, bestehend aus Boss, Gehilfen und Fußvolk, überaus stabil sind, vier Jahre als Geschäftszeit für einen Boss ist nichts Besonderes. Dian Fossey berichtet von einem Boss, der über zehn Jahre eine Gruppe geführt hat. Die Boss-Position ist umkämpft, jedes

Alphatier möchte Boss werden. Was macht den Boss so mächtig, so unangreifbar? Volksreden kann er nicht halten, aber er zeigt seine Fähigkeiten durch das *Imponierverhalten*, ein in der Biologie gebräuchlicher Begriff. Er bezeichnet das männliche Verhalten eines Bewerbers für ein Weibchen; es soll auch Konkurrenten abschrecken. Ich ziehe bei den Menschenaffen den Ausdruck *Machtdemonstration* vor, denn es ist hier ein Kampfmittel um die Vorherrschaft in einer Gruppe.

Die Alphatiere zeigen Kraft, reißen Äste ab und ziehen sie hinter sich her, schmeißen schwere Steine, trommeln auf den Boden, brüllen, die Gorillas trommeln auf ihren riesigen Brustkasten, was schrecklich dröhnt. Die Machtdemonstrationen können unblutige Zweikämpfe sein, die andauern, bis einer ermattet aufgibt. Boss wird, wer den Posten am hartnäckigsten anstrebt und mit seiner Machtdemonstration zeigt, dass er der Kräftigste und auch der Beste ist. Die Alphatiere wollen dem Fußvolk imponieren. Ohne dass jemand erschauernd zuschaut, gäbe es keine Machtdemonstration. Verlässt ein Kombattant den Kampfplatz, ist das ein Eingeständnis seiner Niederlage, und alle haben es gesehen. Das Fußvolk signalisiert die Akzeptanz des Bosses durch Unterwürfigkeit und durch Grunzen, der Boss kann seine Akzeptanz wahrnehmen und schätzen.

Die Erklärung der Machtdemonstration der Menschenaffen möchte ich mit einem Bericht über den Schimpansen *Mike* beschließen, den ich dem Buch Jane Goodalls *Wilde Schimpansen* (1993) entnehme. Mike war in der Hierarchie am untersten Punkt angekommen und hatte als Zeichen seines niederen Standes ein zerrupftes Fell. Plötzlich machte er mit einer besonderen Machtdemonstration Karriere, indem er mit Blechkanistern, die er im Lager gefunden hatte, einen Riesenspektakel veranstaltete. Er wurde Boss und blieb es für vier Jahre. Jane Goodall fragte sich, ob er auch ohne Blechkanister Boss geworden wäre? Sie meint, er wäre es trotzdem irgendwann geworden, denn Mike zeichne sich durch ein starkes Verlangen nach Vorherrschaft aus, ein Zug, der bei einigen Tieren sehr ausgeprägt sei, bei anderen fast völlig fehle.

Warum die Zahl der Alphas gleich bleibt

Wir wissen, dass die Bosse Zeugungsvorteile genießen. Bei den Gorillas ist dies besonders ausgeprägt, die Weibchen der Gruppe sind sein persönliches Eigentum. Bei den Schimpansen ist die Vorzugsstellung des Bosses nicht so ausgeprägt, aber er hat Vorteile, und viele der in der Gruppe geborenen Babys sind seine Kinder. Dian Fossey und Jane Goodall haben Stammbäume der von ihnen beobachteten Gruppen aufgestellt, die dies erkennbar machen.

Nach den Prinzipien der Evolution, soweit sie auf Charles Darwin zurückgehen, sei jedes Individuum bestrebt, so viel Nachwuchs zu erzeugen wie möglich, damit sich sein Erbgut in der Population verbreiten kann. Es ist nach Darwin das Prinzip, nach dem neue Arten entstehen können. Wenn wir dieses Prinzip auf die Menschenaffen anwenden, müsste der Anteil an Alphas, der zur Führung geeigneten Individuen, zunehmen. Innere Streitereien würden sich ergeben, und irgendwann würden die Alphas das Fußvolk verdrängt haben. Eine stabile Gruppe kann es nur geben, wenn die Zahl der Alphas konstant bleibt, trotz ihrer Zeugungsvorteile.

Die von den Forscherinnen beobachteten Gruppen hatten über viele Jahre denselben Boss, eine Zunahme von Alphas haben sie nicht beobachtet. Es muss also einen weiteren evolutionären Mechanismus geben, der die Zahl der Alphas begrenzt. Dieser Mechanismus lässt sich nur damit erklären, dass im Genom der Art ein Zahlenverhältnis gespeichert und aktiv ist, das das Zahlenverhältnis der gezeugten Individuen – Alphas und Fußvolk – festlegt, unabhängig davon, welcher Phänotyp zeugt. Das Zahlenverhältnis ist ein Merkmal eben der Art, das sich dadurch ergeben hat, welche Gruppe in der Erzeugung von Nachkommen am erfolgreichsten gewesen ist. Die Gruppe mit dem optimalen Zahlenverhältnis kann inneren Frieden erhalten und hat doch immer einen mehr oder weniger guten Alpha bereit, wenn die Stellung vakant geworden ist. Ein ebenso konstantes Zahlenverhältnis besteht zwischen den homosexuellen und den heterosexuellen Individuen; hiervon wird noch die Rede sein.

Eine klassische Aufteilung: Kopf und Kraft

Die Gruppen der Menschenaffen sind durch die Kooperation von zwei Phä-notypen gekennzeichnet, die Alphas und das Fußvolk. Die größere Zahl bildet das Fußvolk, das sozusagen das Alltagsgeschäft der Menschenaffen besorgt, das Fressen, Wandern und die Erzeugung und Aufzucht der Nach-kommen bis zu deren Geschlechtsreife. Es sind die Fähigkeiten, die die Gruppen am Leben erhalten. Die Alphas und die durch ihr Konkurrieren hervorgegangenen Bosse führen die Gruppen an und halten sie mit dem erkämpften Respekt in der jeweiligen Ordnung. Eine klassische Aufteilung.

Die Gruppe ist also aufgeteilt in eine Führungsriege und das Fußvolk. Die Aufteilung in Führung und Kraft ist eine Urform in der Biosphäre. Sehr viele Tiere, die wir kennen, haben einen Kopf, in dem die Entscheidungen über das Verhalten des Tieres heranreifen und getroffen werden. Ein Tier ist ein Wesen, das nur eines will: in seiner Gesamtheit am Leben zu bleiben. Hierzu gibt es das Hirn im Kopf, dazu die Bewegungsorgane, die Kraft ent-falten nach den Signalen aus dem Hirn. Wichtig ist, dass die zu der Kraft gehörenden Elemente nicht in Funktionen des Hirns eingreifen.

Es besteht bei den Menschenaffen – und wie wir später sehen auch bei den Menschen – eine Beziehung zwischen Boss und Fußvolk: Es ist die Abhän-gigkeit der Bosse von dem Fußvolk. Der Boss kann nicht frei schalten, er braucht die Akzeptanz seiner Führung durch das Fußvolk. Ohne diese Rück-kopplung wäre sein Tun ohne Wirkung und beliebig. Durch die Wirkung der Machtdemonstrationen vergewissert er sich seiner Akzeptanz und damit seiner Macht. Es ist auch seine Möglichkeit, Konkurrenten zu beeindrucken, sie unter Kontrolle zu halten.

Aus Gründen der Anschaulichkeit habe ich die Alphas und das Fußvolk getrennt beschrieben. Es gibt wie bei den Homosexuellen Mischformen, die auch zur Gestaltung der Hierarchien wichtig sind. Auch bei der Besetzung der Funktion des Bosses gibt es immer Aspiranten, die mehr und weniger geeignet sind. Der gerade am besten Geeignete unter den vorhandenen As-piranten wird zum Zuge kommen.

3. VOM MENSCHENAFFEN ZUM MENSCHEN

Die neue Umwelt

Wir wissen, wie die Menschenaffen organisiert sind, wir können sie heute erforschen.

Was wir nicht wissen: wie die gesellschaftliche Entwicklung der entstehenden Menschen in den letzten sechs Millionen Jahren verlaufen ist; Fossilien können das nicht verraten. Wir wissen aber, dass sich die Umwelt verändert hat, an die sich die Menschenaffen anpassen mussten, um zu bestehen. Vor etwa zehn Millionen Jahren hat in Ostafrika eine Klimaveränderung begonnen; es regnete weniger und viele Wälder verschwanden, es begann eine langsame Umwandlung von Urwald in Buschland und in eine Grassavanne. Die Menschenaffen blieben im Wald, der sich bis nach Mittelafrika zurückzog. Unsere Vorfahren blieben in Ostafrika im Bereich des Großen Grabenbruchs. Der Wald hatte sie verlassen. Sie mussten sich neuen Bedingungen anpassen. Sicher ist es nur wenigen Gruppen gelungen; diejenigen, die es schafften, mussten lernen.

Das hervorstechende körperliche Merkmal der gebliebenen Hominiden ist das Laufen auf zwei Beinen, das ging besser als der Knöchelgang der Menschenaffen. Notwendig wurde dies für die Beschaffung von Nahrung, Bäume mit Laub gab es zu wenig. Die notwendigen Wanderungen konnten die Frauen mit Kindern nicht mitmachen. Die Gruppen mussten sich aufteilen. Kinder und schwangere Frauen blieben in einem geschützten Camp, vermutlich in Galeriewäldern an Flüssen, derweil die Männer unterwegs in der Savanne Nahrung beschafften, vermutlich Früchte, kleine Tiere, Aas in Konkurrenz zu anderen Tieren wie den Vorfahren von Hyänen, Geiern und Löwen, die sich zugleich wie die Hominiden in den folgenden Jahrmillionen in der Savanne weiterentwickelten.

Die gelegentliche Trennung der Männer von den Frauen hat zu neuen Verhaltensweisen geführt; Männer mussten Nahrung abliefern, was mit Gegenleistungen honoriert wurde. Es sind Verhaltensweisen, die wir heute als Gewohnheiten und Sitten praktizieren, ohne uns über die Herkunft Gedanken zu machen.

Die Lebensumstände der werdenden Menschen wurden im Lauf ihrer Entwicklung immer komplizierter, immer aufwendiger. Zwei Teilgruppen – Camp- und Beutebereich – mussten aufeinander abgestimmt werden. Entsprechend anspruchsvoller waren die Forderungen, die an den Boss gestellt wurden. Es kamen weitere Tätigkeiten hinzu, die Herstellung von Faustkeilen, die Bewachung des Feuers, solange die Hominiden noch nicht in der Lage waren, Feuer zu entfachen, Ausdehnung der Beutebeschaffung auf der Jagd. Mit jedem Entwicklungsschritt, den wir aus Befunden von Fossilien und anderen Hinterlassenschaften einigermaßen abschätzen können, wurden die Anforderungen an den Boss gewichtiger. Er musste fähige Gehilfen haben, die ihn auch ersetzen konnten, sollte er ausfallen.

Der Boss

Kernpunkt der Funktionsfähigkeit der Gruppen ist die von den Menschenaffen übernommene und weiterentwickelte Aufteilung in zwei Phänotypen. Der Boss und die Alphas und die Anführer, sie haben die Intelligenz und die Fähigkeit und die Macht durch ihren Status, das Geschick der Gruppe zu leiten. Das Fußvolk nimmt die Ordnung hin, die Kinder sind in ihrer familiären Umgebung eingebettet und lernen nichts anderes; sie akzeptieren ihr Leben, ohne darüber nachzudenken. Nachkommen des Fußvolks können Alphas sein oder Individuen mit Merkmalen von Alphas. Zu dem geordneten Miteinander von Alphas und Fußvolk gehört die Hierarchie, in der jeder seinen Platz findet, die aber auch durchlässig ist. Jeder Alpha, der in dem Fußvolk aufkommt und Ehrgeiz besitzt, wird sich in der Hierarchie nach oben kämpfen und Boss werden, wenn er denn besser ist als die Konkurrenten.

Die Stellung vom Boss ist umkämpft, bei den Menschenaffen und auch bei uns Menschen, aller Vermutung nach auch bei den Hominiden. Es ist ein Merkmal des Phänotyps Alpha, ehrgeizig zu sein, nach der Macht zu streben, von allen Mitgliedern der Gruppe geschätzt oder geliebt. Am Ende der Entwicklungszeit, also vor zwei bis einer Millionen Jahren – das können wir begründet vermuten –, wurden Volksreden ein geübtes Mittel der Alphas, um das Fußvolk für sich einzustimmen. Die Werbung macht Sinn, wenn mehrere Aspiranten zur Auswahl stehen, das Volk entsprechend sehen kann, wie sich die Aspiranten jeweils darstellen. Die Machtdemonstrationen bei den Menschenaffen waren ja von uns aus gesehen so eine Art Volksreden, wenn auch noch ohne Sprache, also pantomimisch. Wie sich diese Darstellung in den letzten sechs Millionen Jahren im Detail entwickelte, können wir leider nicht wissen. Ich kann mir aber vorstellen, dass es rituelle Zweikämpfe gegeben hat. Ich kann mir eine Gruppe in der Gruppe, eine Führungskaste, vorstellen, deren Alphas den Boss unter sich ausklüngeln. Vielleicht hat es Untergruppen, also Parteien, gegeben. Der Boss hat eine nicht zu überschätzende Bedeutung, das Schicksal der Gruppe liegt in seinen Händen. Nur die Gruppen, die optimal und im Inneren weitgehend friedlich geführt wurden, deren System immer den besten Aspiranten an die Spitze gesetzt haben, die haben überlebt. Genauer, das Gesellschaftssystem mit der besten inneren Organisation hat überlebt und ist zu uns gelangt.

Das Fußvolk

Neben den mehr oder weniger ausgeprägten Alphas gibt es die Nichtalphas, das Fußvolk. Es ist die Mehrheit der Individuen einer Gruppe, es sind diejenigen, die das Tagesgeschäft ausfüllen, Kinder erzeugen und aufziehen, Nahrung beschaffen. Die Gruppen müssen funktioniert haben, sonst wären wir nicht entstanden. Voraussetzung hierfür ist, dass das Fußvolk die Rolle als Vollzieher des Tagesgeschäfts akzeptiert, die Stellung des Bosses und seiner Gehilfen als gegeben hinnimmt und sich in der Gruppe, im Kontakt mit den anderen, wohlfühlt.

In den sechs Millionen Entstehungsjahren hat die Intelligenz der Hominiden zugenommen, wir können das aus der Vergrößerung des Gehirnvolumens schließen. Die Vergrößerung des Hirns führte zu größeren Gruppen, was deren Widerstandsfähigkeit erweiterte, zudem konnten die praktischen Fähigkeiten, die Herstellung und Verwendung von Werkzeugen, verbessert werden. Nach dem Prinzip der Evolution haben sich die Gruppen gehalten, die Intelligenz und praktisches Können mit innerer Geschlossenheit verbunden haben. Das Fußvolk hat entscheidenden Anteil an der Entwicklung der technischen Fähigkeiten. Es wäre kontraproduktiv, wenn es an der inneren Geschlossenheit der Gruppen gerüttelt hätte.

In den Entwicklungsjahren muss sich auch das vertieft haben, was wir moralisches Verhalten nennen. Der Umgang miteinander war geregelt, auch die Hinnahme der Organisation, also dass der verehrte Boss und die ihn unterstützenden Gehilfen den Gang der Dinge bestimmen und die Ordnung aufrechterhalten. Jeder hatte seinen Platz. Alles lief wie eingespielt, die Ordnung blieb erhalten, war zufriedenstellend.

Es mag in der langen Geschichte der Entwicklung zum Menschen viele Gruppen gegeben haben, in denen das Fußvolk gegen die Alphas, den Boss, rebelliert hat. Ich halte es für wahrscheinlich, dass es Auseinandersetzungen zwischen Gruppen gegeben hat. Die fast gedankenlose Einbindung von uns heutigen Menschen in Staaten, Länder, Sprachen, die Akzeptanz von Vorschriften, Bindung an Glauben und deren Vorschriften, Rituale sind ein Hinweis dafür, dass diese Fähigkeiten in Konkurrenzen zu anderen Gruppen erworben wurden. Der Homo sapiens hat sich schließlich als einheitliche Art entwickelt, wenn auch in Konkurrenz zu den Neandertalern, die vor 30.000 Jahren ausgestorben sind.

Die Zahl der Individuen pro Gruppe

Sie hat sich im Lauf der Entwicklung langsam gesteigert. Eine größere Gruppe hat Überlebensvorteile. Bei den Menschenaffen bestanden die Gruppen aus etwa 20 Individuen. Die Art Homo erectus, 2,1 bis 1,5 Millionen Jahre vor uns, hatte vermutlich erstmals mehr als 50 Mitglieder pro Gruppe. Die Größe der Gehirne lässt Rückschlüsse auf die Zahl von Individuen zu, die unterschieden werden können. Demnach mag es vor 600.000 Jahren Gruppen gegeben haben, die aus 150 Individuen bestanden (Big History, David Christian). Die Zahl der Alphas, die Zahl der Individuen mit Merkmalen der Alphas, muss sich entsprechend vergrößert haben. Zu viele Alphas können in Streitereien verfallen, bei zu wenigen kann der Gruppe die Führung fehlen.

Die Organisation der Menschengruppen hat sich in den letzten sechs Millionen Jahren deswegen bewährt, weil sich das zahlenmäßige Verhältnis von Alphas zum Fußvolk der Größe der Gruppen angepasst hat.

Wie die Homosexualität entstanden sein könnte

Die homosexuellen und die heterosexuellen Individuen sind eigene *Phänotypen* der Art Homo sapiens. Sie unterscheiden sich erheblich, auch wenn sie zur gleichen Art gehören. Homosexuelle suchen Individuen des gleichen Geschlechts zur Lusterfüllung, was merkwürdig ist, weil Homosexuelle eben nicht Homosexuelle zeugen. Der Ursprung der Homosexualität muss evolutionär sein, denn Entwicklungen außerhalb der Evolution kennen wir nicht. Die sich anbietende Erklärung ist, dass Homosexuelle in den Gruppen Leistungen erbringen, die die Aufzucht von geschlechtsreifen Nachkommen verbessern.

Es gibt viele Erklärungsversuche, wie die Homosexualität entstanden sein könnte: falsche Erziehung, frühkindliche Erlebnisse, Verführung usw. In der ausgiebigen Literatur habe ich keine tragfähige Erklärung gefunden. Konrad Adler schrieb 1930:

«Die Homosexualität stellt ein Training des entmutigten Menschen seit seiner Kindheit dar, um auf dem Wege der Ausschließung von Möglichkeiten einer Niederlage, im Falle der Homosexualität auf dem Wege der Ausschaltung des anderen Geschlechts, der normalen Lösung der Liebesfrage auszuweichen.»

Erklärungsversuche außerhalb der Evolution sind unglaubhaft. Unter allen Menschen, männlich und weiblich, gibt es einen bestimmten Prozentsatz Homosexueller, und der scheint in der Menschheit konstant zu sein. Es gibt nur Schätzungen, weil viele Betroffene ihre sexuellen Präferenzen verschweigen.

Die Bedeutung der Homosexuellen für die Leistungsfähigkeit der Gruppe muss erheblich sein, denn nur dann werden sie gezeugt. Verschiedene Vorstellungen sind denkbar. Homosexuelle Männer sind sicher brauchbare Kämpfer, ihr Verlust ist verschmerzbar. Sie sind für Tätigkeiten im Außenbereich einsetzbar, denn der sexuell motivierte Drang heimzukehren fehlt. Vielleicht haben sie kämpferische Männerclubs gebildet, die sich für ihre Gruppe eingesetzt haben, möglicherweise waren sie die ersten Landsknechte. Es ist denkbar, dass sie für den Kontakt mit anderen Gruppen zuständig waren. Auch ganz andere Erklärungen sind möglich: Sie waren an den Streitereien um Frauen nicht beteiligt und waren für den internen Frieden nützlich. Die weibliche Homosexualität ist leichter erklärbar, sie führt zu kinderlosen Frauen, die Müttern mit Kindern beistehen.

Es gibt die Bisexualität, Individuen, die heterosexuelle und homosexuelle Kontakte schätzen. Es gibt verbreitet juvenile homosexuelle Kontakte, die weniger eine grundsätzliche Hinneigung zur Homosexualität zeigen als die nächstliegende Möglichkeit für Heranwachsende, sexuelle Kontakte kennenzulernen. Die Meinung, dies sei ein vermeidbarer Einstieg in die Homosexualität, ist nicht überzeugend. Die Homosexualität ist angeboren. Durch viele Untersuchen und auch Bekundungen ist gesichert: Sie ist nicht *heilbar*, wie lange Zeit angenommen wurde, denn Homosexualität ist keine Krankheit. Ich erinnere daran, dass männliche Homosexuelle im Nationalsozialismus in Konzentrationslagern interniert und getötet wurden.

Die Männerbünde

Sich in die Obhut der Gruppe zu begeben, ist ein Urtrieb aller Tiere, die in Gruppen leben, sie fühlen sich dann sicher. Die Männerbünde sind eine Gruppe in der Gruppe. Es gibt sie bei vielen Arten, so bei Pavianen und den Schimpansen, auch bei Vögeln wie den Rabenkrähen. Sie finden sich zu gemeinsamen Unternehmungen zusammen wie die der Jagd; erfolgreich ist sie nur, wenn die Jäger gezielt und arbeitsteilig vorgehen, wo unbedingtes Vertrauen zueinander nötig ist. Die Existenz der Männerbünde war mit der Homosexualität verbunden, möglicherweise ist sie in den Männerbünden entstanden. Ich kann mir vorstellen, dass die Männerbünde exklusive Verbindungen waren, die nicht jeden aufgenommen haben. Es erscheint mir denkbar, dass es Bünde als juveniles Durchgangsstadium gibt, die dann Teil oder Jäger und Beschützer der Gruppe werden. Die Männerbünde hier zu erwähnen, erscheint mir notwendig, weil es Männerbünde bei den Menschenaffen und uns Menschen gibt, es also eine Tradition besteht; damals und heute besteht der Wunsch, einem solchen Bund anzugehören, sie nehmen nicht jeden, und mit der Aufnahme wird man in der Hierarchie besser eingeschätzt, man kommt einen rauf.

Das gruppendienliche Verhalten

Die Arten bleiben erhalten, die ihr Erbgut weiterreichen über viele Generationen hinweg. Wenn wir auf eine erfolgreiche Art treffen, können wir untersuchen, welcher Eigenschaft diese positive Entwicklung zu verdanken ist. Die Art Homo sapiens hat sich als Gruppe bewährt und fortgepflanzt, wir müssen also annehmen, dass die Fähigkeit der normalen Individuen, eine erfolgreiche Gruppe zu bilden, ein wichtiges Verhaltensmerkmal für den Erfolg der Gruppe ist. Die Organisation der Gruppe spielt die entscheidende Rolle. Die Gruppe muss wie ein Wesen wirken, sie besteht zwar aus vielen Individuen, die irgendwann einmal, vor langer Zeit, ihre eigenen Interessen vertreten haben, sich aber jetzt dem Interesse der Gruppe unterordnen müssen. Irgendwelches Wissen, das über die zentralen Notwendigkeiten und Arbeiten hinausgeht, ist unnütz und schädlich, es dient nicht dem Interesse der Gruppe. Zu ihrer Arbeit gehört aber, dass sie ihre technischen Fähigkeiten verbessern, also schöpferisch tätig sein müssen. Insofern ist ihre Intelligenz gefordert, zur Herstellung neuer Werkzeuge, zur Züchtung neuer ertragreicher Rassen von Nutztieren, zur Abwehr von Raubfeinden, vielleicht auch zur Abwehr von anderen Gruppen der gleichen Art. Sie dürfen nicht an dem System der eigenen Gruppe zweifeln, ihr Kritikvermögen, das sie zweifellos besitzen, darf sich nicht gegen das eigene System richten.

Die zur Leitung der Gruppe Berufenen, die Alphas, müssen zunächst die mentale Kompetenz besitzen, die Gruppe erfolgreich zu führen, daneben aber auch fähig sein, die übrigen Individuen zu beherrschen, was einschließt, deren Anerkennung zu gewinnen.

Was hier in wenigen Zeilen steht, ist eine Entwicklung, die in über sechs Millionen Jahren stattgefunden hat, in der gleichen Zeit, in der der Homo sapiens entstanden ist und unter anderem gelernt hat, sich mittels Sprache zu verständigen. Unglaubliche technische und kulturelle Leistungen hat der Homo sapiens vollbracht. Es wurde viel gelernt, gedacht, aber das gruppendienliche Verhalten blieb immer bei der Fortpflanzungslinie bestehen, die zu uns geführt hat. Mit der Sprache haben sich Begriffe und Qualifikationen eingebürgert; ich möchte annehmen, dass positive Qualifikationen sich für das eingebürgert haben, was gut für die Gruppe ist, wie richtig und gut; falsch und schlecht, was der Gruppe Böses antut, wie schlechtes Wetter, böse Feinde oder Vergehen gegen die Gruppenordnung.

Das Glück und die Macht

Wir Menschen erleben Glück als etwas Hervorgehobenes, ein nicht alltägliches, erfreuliches Gefühl. Wir streben danach. Wir sind Teil der Biosphäre, durch Evolution entstanden. Das Glück hat also irgendeine Funktion, die mit der Evolution in Zusammenhang steht.

Die Biosphäre enthält Wesen, die in Anpassung an die Umwelt leben, also sich ernähren, schützen und Nachkommen erzeugen. Die Wesen gliedern sich in Arten, wobei die Individuen aller Arten im Wesentlichen gleich sind. Die Umwelt dieser Individuen ist aber in einem weiten Maße unterschiedlich, bezogen auf Nahrungsmittel und Klima. Die Entwicklung der Arten musste also zu Individuen führen, die unter den verschiedensten Umweltbedingungen existieren und Nachkommen erzeugen können. Es hat sich herausgestellt, dass die Individuen, die zwar in den Detailfragen freie Hand haben, also die alltäglichen kleinen Probleme selbstständig lösen, besser zurechtkommen als diejenigen, die für jede einzelne Aktion programmiert sind. Aber wie kann man ihnen beibringen, was die große Linie ist?

Die Tiere können es. Wie es ihnen bewusst wird, wissen wir nicht, wir können uns nur schwer in sie hineindenken. Bei uns Menschen lässt sich die Frage besser beantworten: Wir werden durch Lust und Glück gesteuert. Wir sind glücklich, lusterfüllt, wenn wir das tun, was sich als nützlich, als zweckmäßig herausgestellt hat.

Der Zweck erschließt sich nicht sofort, er hat Stufen, die nacheinander bewältigt werden müssen. Aber jeder Schritt muss bewältigt werden, bevor der nächste in Angriff genommen werden kann. Ein Bewerber um ein Mädchen muss erst einmal bemerkt werden, er muss Kontakt aufnehmen, Blumen besorgen, sich ein geistreiches Gespräch einfallen lassen, körperlichen Kontakt wagen unter der Gefahr, abgewiesen zu werden, über Freunde den Kontakt intensivieren usw. Die Bewältigung jedes Schrittes wird mit einem Glücksgefühl belohnt, und immer steht ein ganz großes Glück noch bevor.

Für die Alphas, die zur Führung geeigneten Phänotypen des Homo sapiens, hat das Streben nach Glück eine tragische Note. Versetzen wir uns in die Lage irgendeines Aspiranten, was er tun muss, um Boss zu werden. Bei den Gorillas und Schimpansen muss er Machtdemonstrationen absolvieren, um zu zeigen, wie großartig er ist. Die amerikanischen Forscherinnen haben diese Machtdemonstrationen *Imponierverhalten* genannt, so wird in der Verhaltensbiologie ein angeborenes spezielles Droh- und Lockverhalten bezeichnet, das bei rivalisierenden Geschlechtsgenossen eine einschüchternde und auf das andere Geschlecht anziehende Wirkung ausüben soll. Die Machtdemonstrationen sind eine Erweiterung von Werbung und Einschüchterung, sind also emotional stark besetzt.

Nur wenige Aspiranten kommen zum Ziel und werden Boss. Die anderen versuchen durch weitere Demonstrationen doch noch Macht zu gewinnen. Bei jedem Versuch erleben sie Glücksgefühle; ich erinnere an das orgiastische Glück, das der Redner Hitler gehabt haben muss, nachdem er einen ganzen Saal in Raserei versetzte hatte. Aber er weiß, er könnte es wissen, dass der Zug abgefahren ist, dass er nur kleines Glück erringen kann. Objektiv gesehen ist er ein Verlierer.

Die Beziehung zu den Beispielen am Anfang des Buches ist erkennbar. Alexander konnte nicht aufhören zu kämpfen, Caesar konnte nicht aufhören, die maximale Herrschaft anzustreben, Nero hat immer wüstere Orgien gefeiert, Karl konnte nicht aufhören, seine Herrschaft zu erweitern, und Hitler, nachdem er total gescheitert war, wollte wenigstens noch ein brutalerer Verlierer sein wie keiner vor ihm.

Macht ist der Schlüssel, um die größere Macht zu gewinnen. Nur wer ununterbrochen kämpft und alle anderen Beweggründe außer Acht lässt, kommt ganz oben an. Andere bleiben zurück, aber der Wunsch, durch eine kleine Stufe Glück zu erleben, bleibt. Es muss ja nicht immer das ganz große Ziel sein, es gibt viele kleinere Ziele in Ländern, Gemeinden, Firmen, Studios, Banken, Geschäften und Sportclubs. Der Kampf nach oben bleibt, und der Kampf gegen Konkurrenten findet immer statt. Wir erleben ihn mit dem Ziel, in der Hierarchie etwas nach oben zu rücken oder eine kluge Frau zu erobern. *Das Glück hat viele Aspekte, jeder sucht sein eigenes Glück, glücklicherweise.*

Unsere Gesellschaft ist vielschichtig, alle Überlegungen unterliegen der Gefahr, durch die Hervorhebung eines Aspekts und des Übergehens anderer einen schiefen Gesamteindruck zu erzeugen. Alphas wirken stark auf die Gesellschaft ein, sie sind ein Schwerpunkt dieses Buches. Nichtalphas, das Fußvolk, hinterlassen genauso Spuren wie die Alphas, es sind Politiker, Firmengründer, Entdecker, Präsidenten, sie bemühen sich darum, gute Leistungen zu erbringen, ohne das innere Bedürfnis, sich selbst darzustellen, besser zu sein als andere.

Unter den Alphas ist die Macht das Mittel, ganz nach oben zu kommen, das, was wirklich glücklich macht.

4. DIE GEGENWÄRTIGE GESELLSCHAFT

Die Menschen

Wir Menschen unterscheiden uns durch Begabung, Fantasie, Fähigkeit, Intelligenz. Gemeinsam ist uns die Möglichkeit, in Gruppen zu leben, in Gruppen miteinander umzugehen, zu kommunizieren, uns gegenseitig zu helfen, Lust an all dem zu empfinden. Hinzu kommt, dass wir als Gruppe eine Einheit bilden müssen, die auf das Wohl aller ausgerichtetes Handeln ermöglicht. Ich habe in den vorangegangenen Kapiteln nachgewiesen, dass es, bezogen auf die Gruppenexistenz, zwei unterschiedliche Phänotypen der Art Homo sapiens gibt. Es sind die Pole, die durch ihr Zusammenwirken die Gruppen lebensfähig erhalten. Es sind einerseits Führungspersönlichkeiten, die Alphas, und andererseits das Fußvolk. In jedem von uns stecken Elemente der beiden Pole, mit unterschiedlicher Intensität. Wir können, abhängig von unserer Begabung und unserer uns formenden Umgebung, die eine oder andere Komponente in den Vordergrund treten lassen. Daneben gibt es immer wieder ausgeprägte Individuen, die einen der beiden Phänotypen in Reinkultur verkörpern. Ich kann aus der Erfahrung meines Lebens sagen, mit beiden Phänotypen in ausgeprägter Form zusammengetroffen zu sein und mit beiden erfolgreich kooperiert zu haben.

Die Alphas

Wenn demoskopische Befragungen durchgeführt würden, und sie sind durchaus denkbar, wäre das Ergebnis so, wie es vor einigen Hunderttausend Jahren als optimal für die Existenz von Gruppen, bestehend aus etwa 150 Individuen, am günstigsten war. Ich möchte keine Spekulation über die Zahl der Alphas anstellen. Jedenfalls ist ihr Prozentsatz erheblich größer, als er heute wünschenswert wäre. Er ist aber genetisch gespeichert, nach den optimalen Werten, die sich früher, bei relativ kleinen Gruppen, gebildet haben. Wir erzeugen heute mehr Alphas, als es für die Gruppen, die Länder, Firmen, Organisationen und Heere angemessen wäre. Eine Folge ist, dass wir in unseren Gesellschaften viele *hungrige* Alphas haben, die mit extremer Energie nach einem Betätigungsfeld suchen, das ihnen Ruhm bringt. Der Kampf um die oberste Stelle ist hart, und nur die Zähesten und gleichzeitig Schlauesten kommen zum Zug. Es ist ein Merkmal unserer Zeit, dass viele Alphas frustriert sind, weil sie es nicht geschafft haben, in eine Stellung zu gelangen, die ihnen angemessen scheint. Die Sieger sind diejenigen, die wegen ihrer persönlichen Antriebe, ihrer Geltungssucht, häufig ein Unglück für die angeführten Organisationen oder für ihre Staaten sind.

Gelegentlich wird in den Medien darüber geklagt, dass in den europäischen Firmen der Anteil an Männern in den Leitungsgremien zu groß sei. Es ist die Folge der menschlichen Entwicklung in den vergangenen Millionen von Jahren. In den Gruppen der Entwicklungszeit waren die Bosse Männer, die beweglich sein mussten, um dort zu sein, wo sie benötigt wurden, bei der Jagd, beim Auskundschaften, bei Kämpfen, bei dem Schutz der Lager mit Frauen und Kindern. Bei den Schimpansen und Gorillas waren die Bosse männlich. Die Frauen waren an Geburt und Aufzucht der Kinder gebunden, was im Lauf der Entwicklung immer aufwendiger wurde. (Bei einer Seitenentwicklung der Schimpansen, den Bonobos, sind die Anführer übrigens weiblich, die Bonobos sind geografisch von den gemeinen Schimpansen getrennt.)

Die Alphas bewerben sich um Positionen in Leitungsgremien von Unternehmen, politischen Organisationen und auch beim Militär, weil mit öffentlicher Aufmerksamkeit verbunden. Ich möchte nochmals darauf hinweisen, dass der Anteil von Alphas in den Leitungsgremien anteilig groß ist; natürlich gibt es Politiker und Firmenchefs, die keine ausgeprägten Alphas sind. Dass die Alphas meist männlich sind, ist keinesfalls günstig für die Firmen, Organisationen und Staaten.

Die große Zahl von frustrierten Alphas in der Gesellschaft hat die Psychologie auf den Plan gerufen, die pathologische Züge entdeckt hat und sie als *narzisstisch-persönlichkeitsgestört* klassifiziert.

Das aktuelle Klassifikationssystem der *American Psychiatric Association* hat die Störung unter der Kennziffer 301.81 gelistet. Demnach handelt es sich bei der narzisstischen Persönlichkeitsstörung um ein tiefgreifendes Muster von Großartigkeit (in Fantasie oder Verhalten), dem Bedürfnis nach Bewunderung und Mangel an Einfühlungsvermögen. Der Beginn liegt im frühen Erwachsenenalter, und die Störung zeigt sich in verschiedenen Situationen. Mindestens fünf der folgenden Kriterien müssen erfüllt sein:

1. Hat ein grandioses Gefühl der eigenen Wichtigkeit (z. B. übertreibt die eigenen Leistungen und Talente; erwartet, ohne entsprechende Leistungen, als überlegen anerkannt zu werden).
2. Ist stark eingenommen von Fantasien grenzenlosen Erfolgs, von Macht, Glanz, Schönheit oder idealer Liebe.
3. Glaubt von sich, «besonders» und einzigartig zu sein und nur von anderen besonderen oder angesehenen Personen (oder Institutionen) verstanden zu werden oder nur mit diesen verkehren zu können.
4. Verlangt nach übermäßiger Bewunderung.
5. Legt ein Anspruchsdenken an den Tag (d. h. übertriebene Erwartungen an eine besonders bevorzugte Behandlung oder automatisches Eingehen auf die eigenen Erwartungen).
6. Ist in zwischenmenschlichen Beziehungen ausbeuterisch (d. h. zieht Nutzen aus anderen, um die eigenen Ziele zu erreichen).
7. Zeigt einen Mangel an Empathie: ist nicht willens, die Gefühle und Bedürfnisse anderer zu erkennen oder sich mit ihnen zu identifizieren.
8. Ist häufig neidisch auf andere oder glaubt, andere seien neidisch auf ihn/sie.
9. Zeigt arrogante, überhebliche Verhaltensweisen oder Haltungen.

Natürlich ist ein Alpha kein gestörter, sondern ein völlig gesunder Mensch der Art Homo sapiens, so wenig gestört wie ein homosexuelles Individuum.

Das Fußvolk

Ich möchte es im Plural belassen, denn es tritt uns immer in der Mehrzahl entgegen. Es ist *die Masse*, die Individuen betrachten sich als ihr Teil und durch die Masse geschützt, sie schätzen ihre Anonymität. Sie sind der Meinung, dass das, was alle tun, richtig ist. Sie erleben sich als Teil des *Systems*, das aus der Obrigkeit und dem Fußvolk besteht. Die Oberen, der General, der Präsident oder der König, eventuell auch der Kompaniechef oder der Abteilungsleiter sind berufen zu sagen, wo es langgeht. Das Individuum des Fußvolks scheut sich, Reden zu halten. Es gibt auch Gemeinschaftserlebnisse wie gemeinsam aufzutreten, auch geschlossen zu marschieren und einem Boss oder einem Fußballer der Heimmannschaft nach einem Tor zuzujubeln.

Nach meiner persönlichen Erfahrung zeichnen sich Individuen des Fußvolks dadurch aus, dass sie dazu neigen, einmal erwählten Verbindungen treu zu bleiben, seien es politische Parteien, Sportvereine, Kirchen usw. Das Fußvolk kennt als bestimmendes Umfeld die eigene Gruppe, die eigene Firma und das eigene Land, sie sind Teil von ihm. Es hat das Gefühl, für dessen Sicherheit verantwortlich zu sein, ist gemeinsam erregbar, wenn ihm Gefahr droht oder zu drohen scheint. Diese Erregung kann zu der Bereitschaft zu kämpferischen Auseinandersetzungen führen. Ich möchte nochmals darauf hinweisen: In jedem von uns stecken Elemente von beiden Phänotypen. Es kann durchaus sein, dass ein Individuum in einem Umfeld der Boss und in einem anderen Umfeld ein untergeordnetes Mitglied ist. Es ist nahezu ein allgemeiner menschlicher Wunsch, vom Umfeld geschätzt zu werden und einen angemessenen Platz in der Hierarchie einzunehmen.

Die Kooperation

Die beiden Extreme kooperieren. Der Boss braucht Macht. Er muss die latente Bereitschaft des Fußvolks, einen Feind zu erkennen und gegen ihn zu kämpfen, durch gute anfeuernde Reden hervorrufen, und das Fußvolk will dem Boss als Exponent der eigenen Vorstellungen zujubeln. Beide erleben Glücksgefühle und können gemeinsam handeln, etwas unternehmen, und zwar das, was der Boss will. Die innere Bindung des Fußvolks an den Boss ist von unglaublicher Stärke, auch Katastrophen können sie nicht ins Wanken bringen. Je abgehobener ein Feldherr ist, umso mehr lieben ihn seine Soldaten, sein Volk. Und wenn das Geld ausgeht, arbeiten sie in der finanziell angeschlagenen Firma unentgeltlich über Monate hinweg.

Boris Johnson

Er ist intelligent, ein brillanter Redner, ein ausgeprägter Alpha. Sein hervorstechendster Antrieb ist, zu zeigen, dass er kann, was er will, vielleicht auch, dass er das will, was er können kann. Auf alle Fälle wollte er Premierminister werden. Anfänglich war er gegen die Trennung des Vereinigten Königreichs von der Europäischen Union. Es ist leichter, für eine Veränderung zu kämpfen, als dafür, dass alles so bleibt, wie es ist. Die Union konnte als die Verkörperung des Bösen, als eine Zwangsherrschaft, dargestellt werden, und das betrieb Johnson extrem und dauernd. Der Brexit, der Austritt des Vereinigten Königreichs aus der Europäischen Union, wurde sein Markenzeichen: *Right or wrong, my brexit.* Er verbreitete Falschmeldungen zu den Geldern, die die Union kostet, und begeisterte seine Landsleute mit der Erinnerung an die britische Weltmacht. Das Königreich war einmal Herrscher der Welt, von Kanada über Indien bis nach Australien und Neuseeland. Nachdem das unerträgliche Joch der Union abgeworfen sei, würden die alten Beziehungen zu dem früheren Weltreich, und insbesondere zu den Freunden in den USA, zu neuem Wohlstand für jedermann führen. In der Presse wurde bei Einschätzungen seiner Erfolgschancen immer erwähnt, er sei ein ausgezeichneter Wahlkämpfer. Es bedeutet, dass er seinen Hörern das bietet, was sie in gute, begeisterungsfähige Stimmung versetzt.

Das Wahlvolk hat bekommen, was es wollte, ohne genau zu wissen, was es eigentlich ist. In Nordirland und in Schottland rumort es, und voraussichtlich immer stärker, wenn die Folgen des Brexits spürbar werden. Aber Boris Johnson ist Premierminister.

Johnson hat das britische Königreich wie ein Schachspieler verwendet, der sich ans Brett setzt, um zu gewinnen. Er wollte gewinnen, um Premierminister zu werden und um England zu beherrschen. Die Bedürfnisse der Bevölkerung waren ihm zweitrangig. Ich schreibe das nicht, um ihn anzuschwärzen, um ihn als unsittlich darzustellen. Er ist ein Individuum der Art Homo sapiens und nach den Prinzipien der Evolution entstanden. Es geht für uns darum, die Funktionsweise der Alphas zu erkennen und zu lernen, uns ihrer zu erwehren.

Donald Trump

Der amerikanische Präsident Donald Trump ist ein ebenso ausgeprägter Alpha. Er hat ein besonders hohes Ziel: Er will zeigen, dass er der beste US-Präsident unter den bisherigen und vermutlich auch unter den zukünftigen Präsidenten ist. Er will es bleiben. Sein gedanklich größter Gegner ist sein Vorgänger Barack Obama, dessen Platz in der Geschichte er selbst einnehmen möchte. Hierzu verteufelt er alles, was Obama gemacht hat. Obamas Krankenversicherung sei ein schreckliches sozialistisches Machwerk, das abgeschafft werden muss, und der Vertrag mit dem Iran sei der schlechteste Vertrag, den je ein amerikanischer Präsident abgeschlossen hat; der Vertrag musste gekündigt werden. Trumps europäische Verbündeten waren entsetzt, aber das immense Ego von Trump setzte sich durch.

Seine Anhänger, die Bewohner des Mittelwestens der USA, misstrauten der Regierung in Washington D.C. schon immer. Ein rassistischer Bodensatz ist im Mittelwesten nach wie vor vorhanden; Hinweise auf die Schrecklichkeit, von einem afroamerikanischen Präsidenten geführt worden zu sein, löst unverändert Wutstürme aus bei den öffentlichen Darbietungen des Präsidenten. Das Herzensanliegen seiner Bewunderer beschwört er unter tosendem Beifall von Mal zu Mal, nämlich das Recht aller freien Amerikaner auf den Besitz automatischer Feuerwaffen. In seinen Reden hat Trump die Heldentaten von Soldaten angeführt, die durch unglaubliche Tapferkeit Erfolge für die USA errungen haben. Mit jedem Beispiel wurde der Beifall größer. Natürlich: Am Schluss wurden nicht die Helden bejubelt, sondern der Präsident, der rhetorisch fragte: Seid ihr diese Helden wert? Und auch das: Trump bezweifelt den Klimawandel, zumindest den menschengemachten. Ist nicht eigentlich Gott für das Wetter zuständig?

Wladimir Putin

1991 hat sich die UdSSR, die Union der Sozialistischen Sowjetrepubliken, aufgelöst. Die Republiken strebten nach alter Selbstständigkeit. Nach Gorbatschow und Jelzin hat sich Wladimir Putin, ein exzeptioneller Alpha, als Diktator der russischen Föderation installiert. Sein Ziel ist es, die UdSSR als globalen Machtfaktor wiederherzustellen. Seit 1999 bis heute (2020) ist er mit einer Unterbrechung Ministerpräsident. Seine Wiederherstellung des Kreml als Machtzentrale ist bemerkenswert. International sind die Besetzung der Krim 2015 sowie der in der Ukraine angezettelte Bürgerkrieg (2014) bemerkenswert.

Die Russische Föderation unter Putin ist aktiver Teilnehmer des Krieges in Syrien, mit Kriegsmaterial, Flugzeugen und Bodentruppen an der Seite der syrischen Truppen von Baschar al Assad. Syrien hat keine Grenze zu Russland. Die Russische Föderation – also Putin – glaubt, sie müsse im Mittelmeer anwesend sein, wie die USA. Der Hafen Tartus in Syrien dient der russischen Mittelmeerflotte als Basis. Russische Soldaten haben aktiv in Syrien gekämpft, russische Flugzeuge haben syrische Städte bombardiert.

Inwieweit ist dies eine vernünftige Aktion? Die Soldaten, auch aus Sibirien, kämpften für eine sinnlose Unternehmung, während in Sibirien wegen der Klimaerwärmung der Permafrost wegtaut und ganze Städte den Grund verlieren. Sollen sie stolz sein, weil Russland einen Hafen am Mittelmeer besitzt? Es ist das Fußvolk, das die gegebenen Umstände als Schicksal hinnimmt, obwohl es begreift, wie sinnlos die Aktion ist. Auch die deutschen Soldaten in Russland begriffen sehr bald die Sinnlosigkeit der Aktion, wegen der sie sterben.

Das große Schachspiel

Es gibt Großmächte, die in einem Spannungsverhältnis zueinander stehen. Sie werden von Alphas gelenkt, die ihre Aufgabe darin sehen, ihre Großmacht wenigstens so mächtig zu erhalten, wie es die anderen Großmächte sind. Gegen jedes Angriffselement einer Großmacht wird erheblicher Aufwand getrieben, sich dagegen zu schützen und ein äquivalentes oder besseres Angriffspotential zu schaffen. Hierfür wird die Arbeitskraft von Millionen von Menschen eingesetzt, die diese Aufwendungen nicht wollen und auch nicht verstehen, was nicht erstaunlich ist, denn diese Aktionen sind unverständlich.

Es ist das Alphaprinzip, das Alphastreben, was die Strategen der Großmächte leitet. Sie plagen sich, um die Weltherrschaft zu erringen, um weiterhin zu verhindern, dass andere die Weltherrschaft erringen. Die mit dem Angriffspotential verbundene Drohung erinnert an die des Schachgroßmeisters Aaron Nimzowitsch, der sagte, die Drohung sei stärker als die Ausführung. Dies stimmt auch mit dem Denkprozess der Alphas überein, denn keiner der Strategen hat über den Einsatz der Angriffswaffen hinaus gedacht. Bleibt etwas, das zu gewinnen lohnt?

Es ist das Alphaprinzip, das wir aus der Geschichte gelernt haben. Es ist die unendliche Ansammlung von Macht, die nur dazu dient, noch mehr Macht anzusammeln. So sitzen die Superstrategen an ihrem Schachspiel, verschieben die Steine, und das ist das Leben des Fußvolks und dessen Besitz. Sie hoffen, durch geschicktes Spiel das Gleichgewicht zu erhalten. Fehler können passieren, die Spielerei ist gefährlich. In den letzten Jahren sind zwei zivile Flugzeuge mit Hunderten von Reisenden aus Versehen abgeschossen worden. Unter dem Schachbrett tickt eine Atombombe.

5. GEDANKEN FÜR DIE ZUKUNFT

Wissen und Denken

Der biologisch entstandene Interessenkonflikt zwischen den schachspielenden Alphas und dem Fußvolk sollte zum allgemeinen Wissen gehören, es sollte in den Schulen gelehrt werden wie das Alphabet. Der Einfluss der Alphas auf das gesellschaftliche Leben muss begrenzt werden. Allein das Wissen hierüber ist ein erster Schritt, sich gegen den Einfluss der Alphas zu wehren.

Wir, das Fußvolk, sind geneigt, aus biologischer Einbindung und aus kultureller Tradition jede gesellschaftliche Beziehung, in die wir hineingeboren sind, als richtig und verteidigungswürdig anzusehen. Wenn wir die Zusammenhänge erkannt haben, sollten wir unser Tun und unsere Teilhabe an der Gesellschaft einer Kontrolle unterziehen, die ich *Nachdenken* nennen möchte. Ich verstehe das Nachdenken nicht als ein Denken nach der Aktion, sozusagen als Manöverkritik, sondern als eine zweite Instanz des Denkens, den zweiten Schritt auf dem Weg zu einer Entscheidung. Er sollte alles das, was man uns so sagt, in Frage stellen, ebenso das, was in dem üblichen gesellschaftlichen Lauf als normal angesehen wird. Das Nachdenken sollte klären, ob das, was zu tun wir im Begriff sind, im Interesse eines Alphas liegt oder im Interesse des Fußvolks. Die Worte *Vaterland* und *Glaube* sollten hinterfragt werden. Versteckt sich dahinter ein Alpha beim Würfelspiel?

Es geht nicht darum, einen Volksaufstand loszutreten. Es geht darum, das Wissen weiterzugeben, es zum Allgemeingut zu machen. Es geht darum, den Alphas das zu entziehen, was sie am meisten schätzen: die Zustimmung.

Über das Jubeln

Das Jubeln – begeisterte Zustimmung zu einer Darbietung – ist eine ur-biologische Angelegenheit; ich erinnere an die Machtdemonstrationen bei den Schimpansen und den Gorillas, es ist eine Urform der Demokratie. Das Jubeln signalisiert Zustimmung, es ist ein politisches Instrument; es bedeutet für den Redner, dass er die Anerkennung der Zuhörer erobert hat, die er jetzt mit gutem Recht als seine Gefolgsleute ansehen darf, ja, dass sie ihn jetzt vielleicht sogar lieben.

Ich erinnere an die Rede, die Josef Goebbels im Sportpalast von Berlin am 18. Februar 1943 gehalten hat und der ich am Volksempfänger zugehört habe. Es war Tage nach der katastrophalen deutschen Niederlage in Stalin-grad mit dem Verlust einer ganzen Armee. Die Rede war brillant, er heizte seine Zuhörer so auf, dass sie auf die Frage: «Wollt ihr den totalen Krieg?», emphatisch «Ja!» brüllten. Die Zuhörer waren gefangen von dem glück-behafteten Gemeinschaftsgefühl: Wenn wir alle zusammenhalten, sind wir unschlagbar. Der Zyniker Goebbels sagte nach der Rede: «Sie wären aus dem Fenster gesprungen, wenn ich es empfohlen hätte!» Das große Sterben in den letzten quälenden 25 Monaten des bereits verlorenen Krieges ging jetzt erst richtig los.

Das Jubeln ist ein Machtfaktor. Wenn man die Gänsehaut der Begeisterung spürt, sollte im Kopf eine rote Lampe angehen und die Frage aufkommen: Ist die gewonnene Information einen Jubel wert? Welche Absicht hat der Redner? Will er mich vielleicht manipulieren? Es ist der Punkt, wo das Denken einsetzen muss. Emotionale Erregungen sollten immer von einem Stoppsignal begleitet sein und eine Pause des Nachdenkens einleiten – und sich der Tatsache bewusst sein, welche Folgen ein Jubel haben könnte.

Es stellt sich die Frage, ob Reden überhaupt bejubelt werden sollten. Die Predigten in unseren Kirchen werden nicht bejubelt, sondern mit einem schlichten «Amen» beendet. Anerkennend ein wenig zu klatschen genügt, wenn ein interessanter Gedanke angeboten wurde. Jubel verdienen gegebe-nenfalls Schauspieler, Musiker und Tänzer.

Ich stelle mir vor, dass das Publikum bei einer Anfeuerungsrede von Donald Trump still bleibt, einfach die Hände im Schoß lässt. Nach solchen Erlebnissen wäre das Selbstbewusstsein von Trump am Ende, seine Kraft wäre erloschen. Erst denken, dann eventuell ein wenig klatschen.

Die Waffen

Das Hauptinteresse der Alphas ist das Erringen und die Behauptung von Macht. Zur Behauptung der Macht werden Waffen benötigt. Waffen sind Industrieprodukte, sie sind ausgetüftelt, haben einen hohen Bedrohungswert als Schachsteine, und außerdem haben sie einen hohen Tötungskoeffizienten, man kann sie als Industrieprodukt kaufen. Ohne diese Spielsteine sind die Alphas machtlos. Hierzulande wird die Waffenproduktion gegen Arbeitsplätze aufgerechnet. Könnte man die industrielle Herstellung von Guillotinen gegen Arbeitsplätze aufrechnen?

Die heutigen Industrieländer sind aus dem Römischen Reich hervorgegangen. Zivilisation und Kultur haben sich bis heute weiterentwickelt. So wie wir die Todesstrafe heute ablehnen, sollten wir ebenso die Waffenherstellung ablehnen; sie führt zu zufälligen Tötungen von Fußvolk, von Frauen, Kindern und zerstört zudem Lebensgrundlagen. Waffenherstellung ist inhumaner als die Todesstrafe. Dies sollten wir in unser ethisches Programm aufnehmen. Wenn es sich herumspricht, wenn die Mehrheit gegen Waffenproduktion und -export ist, wird es sie nicht mehr geben.

Eine besondere Bedeutung haben die Handwaffen in den Vereinigten Staaten. Das Drohpotential der Waffen von Alphas ist bis zu dem Fußvolk abgerutscht. Ein Mann mit einer Feuerwaffe fühlt sich aufgewertet, sein Ego ist befriedigt. Es sind kleine Alphas, die sich ohne Waffe entehrt fühlen. Es braucht noch einige Generationen, um dies zum Abschluss zu bringen.

Der Mythos vom starken Mann

Wir alle lieben Ordnung, es erspart das Denken. Ordnung muss man nicht schaffen, wenn sie von anderen geschaffen wird. Die Politik ist ein Feld der Unordnung. Mehr oder weniger begründete und sich widersprechende Meinungen prallen aufeinander. Wer soll sich da noch auskennen?

Ich denke an ein mögliches Szenarium: Die Börse kracht, die Arbeitslosigkeit steigt, es gibt Stromunterbrechungen, die Müllabfuhr streikt, die Märkte haben Lieferschwierigkeiten, Apotheken haben keine Medikamente mehr. Es wäre die Stunde eines Alpha-Charismatikers, der mit einer Fahne in der Hand durch die Straßen läuft mit der Botschaft: «Die Demokraten können es einfach nicht!»

Supermänner, die ein Problem mit einem Schwertstreich lösen wie Alexander den gordischen Knoten, gibt es nicht. Das Hurra-Gefühl: Wir haben den Problemlöser gefunden und die Rosen blühen wieder, ist bedenklich, die rote Lampe sollte brennen. Wunder entstehen in den Köpfen von Verführten. Die starken Männer (oder Frauen) sind ein Phantom.

Historisch stammt der starke Mann vom Boss der Menschenaffen. Je mehr er akzeptiert und bewundert wurde, umso schlagkräftiger und umso leistungsfähiger war die Gruppe. Den Boss zu akzeptieren, war ein Mittel zu Sicherheit und Wohlstand. Die Idee des idealen starken Mannes mutierte schließlich zum lieben Gott, dem Allmächtigen, der alles richtet. Nur: Den starken allmächtigen Mann, der alles bestens regelt, ihn wird es nie geben.

Die öffentliche Meinung

Es gibt die von Medien produzierte öffentliche Meinung. Es ist die Meinung, von der die Produzenten glauben, sie sei gewinnträchtig. Es gibt die sich aus Gesprächen entwickelnde Meinung.

Es gibt Gespräche über belangvolle Themen, Gespräche zwischen bekannten, sympathischen Teilnehmern. Es fällt eine emotional gesteuerte Bemerkung. (Die Juden sind doch nur am Geld interessiert, was anderes kennen die ja nicht.) Eine korrigierende Antwort wäre nötig, etwa: Diese Auffassung teile ich nicht. Soll ich die gute Stimmung der Runde aus dem Gleichgewicht bringen? Es ist ein Augenblick des Nachdenkens, des Abwägens. Alle Teilnehmer könnten denken, die Bemerkung sei allgemeines Wissen, außer jemand widerspricht. Den Vertreter der Meinung wird man keinesfalls belehren können. Aber den übrigen Teilnehmern der Runde könnte man wenigstens signalisieren: Es gibt eine abweichende Meinung.

Es gibt viele belanglose Unterhaltungen auf der Welt, aber auch im kleinen Kreis wird die öffentliche Meinung gebildet. Der Meinung, ein allmächtiger Gott (liebt uns und) gestaltet nicht nur die Zukunft, sondern sogar das Wetter, sollte man widersprechen.

Dort, wo es möglich ist, sollte man die öffentlichen Möglichkeiten, wie Demokratie, einsetzen, um den Alphas ihre Macht zu nehmen und das Fußvolk zu ermutigen, Widerstand zu leisten. Die obwaltende Idee sollte sein, mit Intelligenz die biologischen Antriebe zu kontrollieren, um sachgerecht zu entscheiden.

Religionen und Kirchen, religiöse Kriege

In dem Kapitel *Das große Schachspiel* habe ich erläutert, wie die vom Alphageist besetzten strategischen Leitungsgremien unsere Gesellschaften steuern, sich immer wieder durch Alphas ergänzen und ein Spiel abseits der öffentlichen Interessen betreiben. Neben diesen den Staaten angegliederten Strategiesystemen gibt es weitere Organisationen, die unser Leben steuern, unter ihnen sind es die Religionen und deren Verwalter, die Kirchen. Es sind häufig Alphas, die sich ihnen andienen, deren Macht erhalten und steigern und die damit die eigene Macht und deren Zurschaustellung betreiben. Es gibt viele verschiedene Glaubensrichtungen und Kirchen; ihre

Gemeinsamkeit besteht darin, dass die sie ausmachenden Konstrukte nur in den Köpfen der Gläubigen existieren. Irgendwelche Beweise über eine darüber hinausgehende wirkliche Existenz gibt es bis jetzt nicht. Ein jeder solcher «Glauben» benötigt klare Festlegungen, wie er sich versteht. Es ist demnach die Aufgabe der jeweiligen Alphas, die Festlegungen, den Kern zu schützen. Denn Kirchen haben nach dem Prinzip der Evolution einen Antrieb zur Selbsterhaltung, ohne den es sie nicht geben könnte.

Ich bin mit den jüdisch-christlichen Kirchen ein wenig vertraut und beziehe mich auf diese. Den Kindern wird beigebracht, dass es einen Gott gibt, der alles gemacht hat, alles im Griff hat, allmächtig ist, uns liebt. Ein schöner Gedanke. Der sollte uns aber nicht davon abhalten zu denken, dass auf dieser Erde wir – von Naturkatastrophen abgesehen – diese Erde gestalten. Wir Menschen sind für die Folgen unseres Tuns verantwortlich. Kann man den Kindern nicht beibringen, dass Gott (er muss wohl sein) die Welt erschaffen und uns mit Klugheit ausgestattet hat, um gut mit der Erde umzugehen?

Religionen können erbaulich erlebt werden, und ihre Ausübung ist geschützt. *Unsere schlichte Vernunft sollte aber festlegen, dass kein ausschließliches kirchliches Gebot die Freiheit und körperliche Unversehrtheit von Gläubigen und Nichtgläubigen begrenzen darf.* Ich halte es für bedenklich, junge Männer zur Ehelosigkeit zu verpflichten, sie somit zu sexuellen Krüppeln zu machen und ihnen dann Kinder zur religiösen Erziehung zu überlassen.

Ich weiß, dass ich, aus meiner religionsfreien Entwicklung heraus, leicht die Forderung stellen kann, dass auch im religiösen Bereich die Folgen des eigenen Tuns bedacht werden müssen, abseits von individuell erlebten Offenbarungen. Die rote Lampe muss eingeschaltet bleiben. Die Forderung besteht.

Sehr viele Kriege unserer Geschichte haben einen religiösen Grund. Auch wo der religiöse Grund von den ihn führenden Alphas vorgeschoben wird: Das ihn mit Blut bezahlende Fußvolk wurde in der Meinung gehalten, ihre Religion würde verteidigt. Warum hat es Kreuzzüge gegeben?

Warum nehmen wir es hin, dass die Rohingya aus Myanmar vertrieben werden und die Uiguren in China gequält und umerzogen werden? Warum werden die Moslems in Indien als Bürger zweiter Klasse behandelt? Warum kämpfen Sunniten gegen Schiiten?

Antisemitismus – ein tödlicher Aberglaube

Der Begriff «Aberglaube» wird im allgemeinen Sprachgebrauch auch mit Unvernunft und Unwissenschaftlichkeit gleichgesetzt und kann als «falsche Einsicht in die Natürlichkeit von Geschehnissen» verstanden werden. Es gibt den Glauben an Glückstage, an die Ankündigung von Unheil durch schwarze Katzen, den Glauben an die heilende Wirkung von Stoffen ohne wirksame Substanzen, es gab den Aberglauben von schönen, aber vom Teufel besessenen Frauen, die man verbrannte.

Ein jeder Aberglaube wurde und wird vererbt, mit einfachen Erklärungen untermauert, kleinen Kindern beigebracht, wie die Tatsache, dass es im Winter schneit und im Sommer die Blumen blühen. Es sind so offensichtliche Tatsachen, dass Überlegungen über ihren Wahrheitsgehalt gar nicht entstehen können. Man weiß es einfach. *Der Antisemitismus ist so ein Aberglaube, er ist eine falsche Einsicht in normale Gegebenheiten.*

Die den Antisemitismus begründenden Argumente sind auf der Welt weitgehend gleich. Die Juden seien Fremdkörper, sie entzögen sich der Assimilation, seien sozusagen ein Staat im Staat und nur eigenen Interessen verpflichtet. Ihr Hauptaugenmerk sei auf Geld gerichtet, sie seien also Wucherer, strebten nach Macht und insgeheim nach der Weltherrschaft. Hinzu kommt, dass man den Israeliten, den in Israel wohnenden Juden, Unfairness in ihrem Verhalten gegenüber den Palästinensern vorwirft.

Alle diese Argumente fallen immer mit Allgemeinplätzen zusammen: Finden Sie nicht, dass der Einfluss der Juden bedenklich zunimmt? Die Juden beherrschen praktisch die Wallstreet.

Allen Menschen ist der Wunsch nach Ordnung eingeboren, alles muss an seinem Platz und in Ordnung sein, alle Vorfälle müssen eine erkennbare Ursache haben; die Forderung nach Korrektheit ist begrenzt, eine einfache Antwort beendet das Missbehagen.

Die Juden sind kein Volk, schon gar nicht eine Rasse, wie Adolf Hitler behauptete. Der Begriff *Rasse* wird nur noch für gezüchtete Nutztiere und Nutzpflanzen verwendet. Der jüdische Staat wurde im ersten Jahrhundert nach Christus eine römische Provinz. Das Zentrum, der Tempel in Jerusalem, wurde zerstört. Es begann die Diaspora, die Zerstreuung der Juden über die ganze Welt, es erhielten sich jüdische Siedlungen, die nichts weiter verband als der Glaube. Die Vorstellung, es habe eine blutsmäßige Verbindung über 2000 Jahre bestanden, ist nicht denkbar. Die Verbindung bestand im Glauben.

Die jüdische Religion unterscheidet sich grundsätzlich von anderen Religionen: Es gibt bei ihr keine Mission. Sie sucht nicht nach neuen Mitgliedern, sie erhält ihren Bestand dadurch, dass sie alle Kinder jüdischer Frauen fest an das Judentum bindet. Der Bestand dieser Religion erklärt sich aus den abgrenzenden Gebräuchen, Speiseregeln, den Ruheregeln am Sabbat. Die Entfernung der Vorhaut, die Beschneidung, ist ein elementares Gebot des Judentums und konstitutives Merkmal der jüdischen Identität. Dieses erkennbare Festhalten an den Gebräuchen hat eine Anpassung der Juden an die Bevölkerung der Gastländer erschwert, eigentlich verhindert. Die Juden blieben unter sich und bildeten abgeschlossene Wohngebiete, die Ghettos.

Sie waren den Bürgern der Gastländer unheimlich. Was trieben sie in ihren Gottesdiensten? Man grenzte sie aus, fürchtete ihre wirtschaftliche Konkurrenz. Das mittelalterliche Christentum hatte einen weiteren gegen die Juden gerichteten Pfeil im Köcher. Waren sie es nicht, die den Gottessohn Jesus Christus, ein Jude, umgebracht hatten? Musste diese Untat nicht gerächt werden an den Juden? Den sich selbst ausgrenzenden Juden wurde im Mittelalter eine Anpassung an die bestehenden Verhältnisse zusätzlich erschwert; handwerkliche Tätigkeiten, die sie jahrhundertelang ausgeübt hatten, wurden ihnen verboten, die Gilden nahmen sie nicht auf. Häufig

landeten sie auf der untersten sozialen Stufe als Trödelhändler und Pfand-
leiher. Die Juden hatten sich selbst zu idealen Sündenböcken gemacht. Böse
Taten müssen gerächt werden, das verlangt die Ordnung. Sie müsste an den
Tätern gerächt werden. An wem sie ausgeübt wird, scheint von geringerer
Bedeutung zu sein. Wenn keine Täter gefasst werden konnten, boten sich die
Juden an, denen man von Haus aus jede Boshaftigkeit zutraute. Mit Folter
kann man jedes Bekenntnis erzwingen, und dann gab es Prozesse, Morde,
Pogrome, und die Ordnung war wiederhergestellt.

Um nur eines von vielen Hunderten antijüdischen Exzessen zu erwähnen:
Im Jahr 1348 verbreitete sich in Europa eine der grauenvollsten Epidemien,
die es je gegeben hat. Die aus dem Orient eingeschleppte Pest, der Schwarze
Tod, raffte ein Drittel der gesamten Bevölkerung dahin, die Bevölkerung
ganzer Landstriche und Städte verschwand. Das Grauen verlangte eine Erklärung, denn nichts geschieht ohne Grund. Die Juden, so wurde kolportiert
und überall geglaubt, hatten die Brunnen vergiftet. Unter Folter gestanden
die Juden die Brunnenvergiftung. Zu Tausenden wurden wehrlose Juden
dem Henker ausgeliefert, geköpft, erschlagen, verbrannt.

Der Aberglaube Antisemitismus existiert, unabhängig davon, dass ihm jede
Basis fehlt. Wie kann man damit umgehen? Antisemiten als beschränkt zu
bezeichnen, ist kontraproduktiv. Sie in ihrem Irrtum zu belassen, mag be-
quem sein. Fragen sollte man aber, Zweifel säen.

Haben Ihnen Juden Nachteile gebracht? Wie viele kennen Sie? Wissen Sie, wie
viele Juden es in Deutschland gibt? Wie hoch ist der Prozentsatz der Juden
an der deutschen Bevölkerung (~ 0,1 %)? Hilft das Mobben von deutschen
Juden den Palästinensern? Übrigens, hat es je ein Mobben Deutscher ange-
sichts der Ermordung von Millionen Juden irgendwo auf der Welt gegeben?

Eine öffentliche Bekundung von Sympathie für die Juden erscheint mir an-
gezeigt. Vielleicht das Tragen eines Davidsterns? Es geht um ein moralisches
Problem, um Gerechtigkeit. Aber es geht auch um die Wahrheit. Es belastet,
in einer Gemeinschaft zu leben, in der es Menschen gibt, die einem kruden
Aberglauben verfallen sind.

Blick in die Zukunft

Was wir im Augenblick erleben, ist eine Momentaufnahme einer intensiven Entwicklungsphase. Aus der biologischen Geschichte können wir ersehen, dass es immer wieder Überraschungen, unerwartete Sprünge gegeben hat, die die Kontinuität unterbrochen haben. Langfristige Planungen, ideale Gesellschaftsbilder werden immer wieder von den Ereignissen überrollt. Statt langfristiger Planungen sollten gegenwärtige akute Probleme angegangen werden, um die Welt in kleinen Schritten zu verbessern. Gesellschaftlich gesehen sollte der Einfluss der Alphas kontrolliert werden, womit auch die Kriege, zumal die Religionskriege und Vertreibungen, an Bedeutung verlieren werden.

Die Zivilisation und Kultur werden sich weiterentwickeln. Wenn wir nur 2000 Jahre zurückblicken, können wir begrüßenswerte kulturelle Entwicklungen feststellen. Die Sklavenhaltung, eine Stütze der römischen Wirtschaft, gibt es in den gegenwärtigen Industriestaaten nicht mehr. Nach der Niederschlagung des Aufstands des Spartacus (79 v. Chr.) wurden noch 6000 seiner Parteigänger in aller Öffentlichkeit entlang der Via Appia von Rom nach Capua gekreuzigt. Die Hinrichtungsmethode Kreuzigung gibt es nicht mehr. (Der Holocaust wurde weitgehend geheim gehalten.) Die Todesstrafe gibt es in Europa nicht mehr und ist in den USA im Rückgang. Die Kultur wird der eingeschlagenen Richtung langsam folgen.

Aus der Geschichte wissen wir, dass Diktaturen personengebunden sind, die Weitergabe und Vererbung sind problematisch. Ich hoffe, dass das Wissen um die Natur der Diktaturen die Verbreitung eingrenzt. Das Schachspiel der Großmächte wird irgendwann als sinnlos erkannt werden.

Wenn ich eine Voraussage wagen darf – unter dem Vorbehalt, dass menschengemachte und andere Katastrophen ausbleiben –, dann wird es in 2000 Jahren keine Alphas mehr an der Macht geben. Man wird sich mit Kopfschütteln an sie erinnern. Die Wohngebiete haben sich auf dem Globus verschoben. Und noch etwas: Die Artenvielfalt hat wieder zugenommen.

PERSÖNLICHES

Ich bin Physiker, geboren 1929, und habe den Nationalsozialismus erlebt. Der Holocaust hat mich zutiefst verstört. Die Frage, wie so etwas entstehen konnte, hat mich mein ganzes Leben beschäftigt. Wie ist so eine Existenz wie Adolf Hitler möglich, was hat er gedacht, was hat ihn bewegt? Warum sind ihm so viele bis zum Tod gefolgt, und einige sogar bis an die Rampe von Auschwitz? Hitler und wir gehören zu der biologischen Art Homo sapiens, sind also ein Produkt der Evolution. Diese Einsicht hat mich zu den dargelegten Erkenntnissen geführt. Dazu gehört, dass Rassenhass und Gewaltherrschaften nicht verschwunden sind.

Mein Buch Die *Entstehung der Gesellschaft* (2001) habe ich mit den Worten beendet: *Wir brauchen eine Kultur, die uns den Umgang mit uns selbst lehrt. Wir müssen lernen, uns selbst zu misstrauen.*

Heute möchte ich die zweite (letzte) Aussage verbessern: *Was immer andere sagen oder tun, was immer wir fühlen, vor jeder Aktion sollten wir nach dem Denken nachdenken.*

Paul Morsbach

April 2020

Literatur

Adler, Alfred: *Das Problem der Homosexualität und sexueller Perversionen.* Frankfurt am Main, 1977.

Alcock, John: *Das Verhalten der Tiere aus evolutionsbiologischer Sicht.* Stuttgart/Jena/New York, 1996.

Apfelbach, Raimund; Döhl, Jürgen: *Verhaltensforschung.* Stuttgart/New York, 1980.

Bellebaum, Alfred: *Soziologische Grundbegriffe.* Stuttgart/Berlin/Köln/ Mainz, 1980.

Bethel, Tom: »Against Sociobiology«. http://print.firstthings.com/ftissues/ ft0101/articles/bethell.html

Bischof, Norbert: *Gescheiter als all die Laffen.* Hamburg/Zürich, 1991.

Braitenberg, Valentin; Hosp, Inga (Hrsg): *Evolution, Entwicklung und Organisation in der Natur.* Hamburg, 1994.

Byron, Michael: «Evolutionary Ethics and Biologically supportable Morality». http://www.bu.edu/wcp/Papers/TEth/TEthByro.htm

Campbell/Reece: *Biologie.* Heidelberg/Berlin, 2003.

Christian, David: *Big History,* Carl Hanser Verlag, 2018

Darwin, Charles: *On the Origin of Species by means of natural Selection or the Preservation of favoured Races in the Struggle for Life.* London, 1859.
Ders.: *Die Entstehung der Arten.* Stuttgart, 1995.
Ders.: *The Descent of Man, and Selection in Relation to Sex.* London, 1871.
Ders.: *Die Abstammung der Menschen.* Stuttgart, 1966.

Ders.: *The Expression of the Emotions in Man and Animals.* London, 1872.

Dawkins, Richard: *Das egoistische Gen.* Reinbek b. Hamburg, 1996.

Dröscher, Vitus B: *Sie töten und sie lieben sich.* Hamburg, 1974.

Dupré, John: *Darwins Vermächtnis.* Frankfurt a. Main, 2005.

Eich, Armin: *Die Söhne des Mars, Eine Geschichte des Krieges.* C.H.Beck, 2015

Eibl-Eibesfeldt, Irenäus: *Liebe und Hass.* München, 1970.
    Ders.: *Galapagos.* München, 1973.
    Ders.: *Der Mensch – Das riskierte Wesen.* München, 1988.
    Ders.: *Die Biologie des menschlichen Verhaltens.* München, 1997.
    Ders.: *Grundriss der vergleichenden Verhaltensforschung.* München/Zürich,
    1999.

Eigen, Manfred; Winkler, Ruthild: *Das Spiel – Naturgesetze steuern den Zufall.* München/Zürich, 1983.

Fehr, Ernst; Gächter, Simon: Altruistic punishment in humans. In: *Nature,* Vol. 415 (January 2002).
    Ders.: The Neural Basis of Altruistic Punishment. In: *Science.* 305 (August 2004), 1246.

Fossey, Dian: *Gorillas im Nebel.* Kindler Verlag, 1983.

Freud, Sigmund: *Abriss der Psychoanalyse: Das Unbehagen in der Kultur.* Frankfurt a. Main, 1972.

Goethe, Johann Wolfgang von: Artemis-Gedenkausgabe der Werke, Zürich/Stuttgart, 1958.

Goodall, Jane: *Ein Herz für Schimpansen.* Reinbek b. Hamburg, 1991.
    Diess.: *Wilde Schimpansen.* Reinbek b. Hamburg, 1991.

Gould, Stephen Jay: *Zufall Mensch.* München, 1991.

Haffner, Sebastian: *Anmerkungen zu Hitler.* Fischer Taschenbuchverlag, 1978.

Hallgarten, W. F.: *Dämonen oder Retter.* Deutscher Taschenbuchverlag, 1966.

Hamilton, D. W.: *The genetical evolution of social behaviour.*

Harari, Yuval Noah: *Eine kurze Geschichte der Menschheit,* Pantheon 2011.

Henke, Winfried; Rothe, Hartmut: *Paläoanthropologie.* Berlin/Heidelberg/ New York, 1994.

Heussen, Benno; Morley, John David (Hrsg.): *Hitlers Sex, unveröffentlichte Geheimdokumente aus dem Jahr 1943.* Vitolibro

Hitler, Adolf: *Mein Kampf,* Verlag Franz Eher Nachfolger GmbH, 1934.

Kaestner, Alfred; Starck, Dietrich (Hrsg.): *Lehrbuch der speziellen Zoologie.* Jena/Stuttgart/New York, 1995.

Kotrschal, Kurt: *Im Egoismus vereint?* München, 1995.

Leakey, Richard; Lewin, Roger: *Der Ursprung des Menschen.* Frankfurt a. Main, 1992.

Lorenz, Konrad: *Das so genannte Böse.* Wien, 1963.
  Ders.: *Über tierisches und menschliches Verhalten.* Gesammelte Abhandlungen, Band I und II, München, 1965.
  Ders. mit Leyhausen, Paul: *Antriebe tierischen und menschlichen Verhaltens,* München, 1968.
  Ders.: *Vom Weltbild des Verhaltensforschers.* München, 1968.
  Ders.: *Die Rückseite des Spiegels.* München, 1973.

Ders.: *Vergleichende Verhaltensforschung*. Wien, 1978.
Ders.: *Die acht Todsünden der zivilisierten Menschheit*. München, 1973.
Ders.: *Der Abbau des Menschlichen*. München, 1983.

Marais, Eugene N.: *Die Seele der weißen Ameise*. Berlin, 1949.
Ders.: *Die Seele des Affen*. 1969.

Markl, Hubert: «Evolution des Bewusstseins». In: *Jahrbuch der Heidelberger Akademie der Wissenschaften für 1994*. Heidelberg, 1995, 51–69.

Mayr, Ernst: *Das ist Biologie*. Heidelberg/Berlin, 1998.

McFarland, David: *Biologie des Verhaltens*. Weinheim, 1989.

Morsbach, Paul: *Die Entstehung der Gesellschaft*. Allitera Verlag, München, 2001.

Morsbach, Paul: *Der Mythos vom egoistischen Gen*. Allitera Verlag, München 2005.

Ohler, Norman: *Der totale Rausch: Drogen im Dritten Reich*. Kiepenheuer und Witsch, 2017.

Popper, Karl R.: *Objektive Erkenntnis*. Hamburg, 1993.

Portmann, Adolf: *Das Tier als soziales Wesen*. Zürich, 1953.

Reichholf, Josef H.: *Leben und Überleben*. München, 1988.
Ders.: *Das Rätsel Menschwerdung*. München, 1990.
Ders.: *Der schöpferische Impuls*. Stuttgart, 1992.
Ders.: *Erfolgsprinzip Fortbewegung*. München, 1992.
Ders.: *Warum wir siegen wollen*. dtv, 2001.
Ders.: *Was stimmt? Evolution. Die wichtigsten Antworten*.

HERDER Spektrum, 2007.

Ders.: *Eine kurze Naturgeschichte des letzten Jahrtausends.* Fischer Taschenbuchverlag, 2008.

Riedl, Rupert: *Die Ordnung des Lebendigen.* Hamburg/Berlin, 1975.

Sitte, Peter, Hrsg.: *Jahrhundertwissenschaft Biologie.* München, 1999.

Stent, Gunther S.: *Paradoxes of Free Will.* Washington D.C., 2003.

Voland, Eckart: *Grundriss der Soziobiologie.* Berlin, 2000.

Weber, Thomas W.: *Soziobiologie.* Frankfurt, 2003.

Weiner, Jonathan: *Der Schnabel des Finken.* München, 1994.

Welzer, Harald*: TÄTER. Wie aus ganz normalen Menschen Massenmörder
werden.* Fischer Taschenbuch, 2007

Wickler, Wolfgang; Seibt, Uta: *Das Prinzip Eigennutz.* München, 1991.
Ders.: *Die Biologie der Zehn Gebote.* München, 1991.

Wikipedia

Wilson, Edward O.: *Sociobiology – The new Synthesis.* Cambridge, MA, USA,
1976.
Wilson, Edward O.: *Die soziale Eroberung der Erde.* C.H.Beck, 2013.

Wynne-Edwards V. C.: *Animal Dispersion in Relation to social Behaviour.*
Edinburgh/London, 1962.

Wuketits, Franz M.: *Evolutionstheorien.* Darmstadt, 1988.
Ders.: *Konrad Lorenz.* München, 1990.
Ders.: *Die Entdeckung des Verhaltens.* Darmstadt, 1995.

Ziemen, Erik: *Der Hund.* München, 1992.